JN078403

Palm

ヤシの文化誌

フレッド・グレイ 著
Fred Gray

上原ゆうこ 訳

花と木の図書館

原書房

［……］は訳者による注記である。

セーシェル諸島の115島のうちの2島だけに固有の、有名なオオミヤシ。

第1章　植物のプリンス

現代の都市はヤシでいっぱいだ。過去のもの、現在のもの、本物のヤシもあれば想像のヤシもある。ロンドンを例に、西から東へ流れ海に注ぐテムズ川にそって旅をしてみよう。

出発点は西ロンドンのキュー、世界に名高い植物コレクションを有する王立植物園があるところだ。ここにはロンドンでもとりわけ見事なヤシが、生き生きと健康な状態で生育している。見るからに美しいココヤシ、ピーチパーム、ジョオウヤシ、ババスヤシが、1844〜1848年に建設されたパーム・ハウスの中央ドームの屋根に向かってそびえている。異国のヤシを手に入れて研究し、首都の住人の教育のために展示しようとするヴィクトリア時代の人々の探究心を力強く伝えるこの建築物は、現存する19世紀の鉄とガラスの建造物としては世界でもとりわけ重要な建物である。

東に進むと国会議事堂の近くにテート・ブリテンがあり、ここにはイギリス美術の世界随一のコレクションがある。1960年代のギャラリーにはデイヴィッド・ホックニーの代表作である《ビ

形態は機能に従う：キュー王立植物園のパーム・ハウスの外観。建物の中でとらわれのヤシが伸びていく。

ガー・スプラッシュ》（1967年）があり、ヤシの木、プール、モダニズム建築、太陽の光の組み合わせが、この画家にとっての夢のカリフォルニアを表現するのを助けている。

1マイル（1・6キロ）北へ行くと、イギリスでもっとも有名な門が、イギリスの君主のロンドンにおける公式の住まいであるバッキンガム宮殿の入口を1世紀以上にわたって守っている。1911年に建てられたこの門扉には、金色のヤシの葉で囲まれた王家の紋章がついている。門の向かいに、1901年にヴィクトリア女王の死を悼んで建てられたヴィクトリア女王記念碑が威圧するようにそびえている。記念碑の頂上には、イギリスの力と世界支配の明白なシンボルとして、金色に輝くブロンズ像、翼をもつ勝利の女神が片方の手に勝利者のヤシをもって球の上に立っている。

王宮からグリーン・パークを抜けて進むと、首都に現存するもっとも美しい貴族の宮殿である、18世

喜びと夢のヤシ。デイヴィッド・ホックニー、《ビガー・スプラッシュ》、1967年、キャンバスにアクリル絵の具。

紀のスペンサー・ハウスがある。この建物内のすばらしいパーム・ルームは、古典建築と自然についての知識から生まれたもので、芝居の舞台装置のようだ。金色に塗られた柱がヤシの幹のように見え、それから抽象化されたヤシの葉が流れるように出ている。

ロンドンの通りにそってさらに40分歩くと、ヴィクトリア時代に鉄道会社が運営していた高級ホテルのひとつで、現在、ランドマーク・ロンドンと呼ばれているホテルがある。1899年にオープンした当時、グレート・セントラル・ホテルだったこのホテルのラウンジは、鉢植えのヤシで飾られていた。現在、このホテルのウィンター・ガーデン・レストランには、一見、本物のヤシに見えるが、じつは違うものが並べられている。外見はともかく、これらは「プリザーブド」パーム、つまりかつては生きていた植物を分割して防腐処理をし、復元して装飾にしたものなのだ。

さらに下流へ行くと、セント・ポール大聖堂が川のそばの高台に厳かに立っている。このすばらしい宗教建築には、さまざまなヤシのモチーフが使われている。ヤシの葉は、古くから勝利のシンボルとして、そしてキリスト教では死に対する勝利のしるしとして用いられてきた。地下室にイギリス海軍の英雄、ネルソン卿（1758～1805年）の墓があり、その周囲のモザイクの床にヤシの木が描かれ、提督のモットーである *Palmam qui meruit ferat*「ふさわしき者にヤシを与えよ」が書かれている。大聖堂の内陣の天井の高いところにあるもうひとつのモザイク画には動物の創造が描かれており、ヤシの木々の間をライオン、トラ、ゾウ、ラクダ、そのほかの生き物が跳ね回っている。

セント・ポール大聖堂から少し歩くとアルダースゲート外の聖ボトルフ教会に至り、これは中世の教会を18世紀後半に再建したもので、木製のヤシの幹の上に立つ風変わりな説教壇がある。西へ1マイル行ったところにあるロンドン博物館には、2千年近く前からこの都市に残っているヤシの葉と枝の描写がある。かつてローマ時代のロンディニウムで通貨として使われ、その後、遺跡の堆積物から回収されたコインに描かれたものだ。すぐ近くに世界の美術と芸術品の宝庫である大英博物館があり、250年にわたって収集された、大英帝国の過去をしのばせる驚くほど多様ですばら

2016年10月、ヤシの葉に囲まれた王家の紋章で飾られた巨大な鉄の門扉と、そのせいで小さく見えるバッキンガム宮殿の観光客。

しいヤシの描写や品物が並べられている。オンラインでこの博物館のコレクションを検索すると、ヤシが2万件、ココナッツが2500件、ラタンが2000件、コイア［ココナッツの外皮の繊維］が1100件、ナツメヤシが950件、サゴヤシが457件ヒットする。

どちらの博物館も、世界の金融の中心地のひとつであるシティ・オブ・ロンドンと接している。18世紀にコーヒーハウスで取引と競売が始まって以来、この街は2世紀以上の間、原材料となるヤシとヤシの加工品の売買の国際センターのひとつとなっている。ブラックフライアーズ橋を渡った川の北岸に、ユニリーバのイギリス本社が入った建物がある。この会社は、食料品のほかボディケア用品や住居用洗剤などの消費財の製造にパーム油の派生物を使っている世界最大級の会社である。この建物の正面玄関を守るように立っている1930年代初めの街灯柱

20世紀初頭に建てられたヴィクトリア女王記念碑の一番上に、左手にシンボルのヤシの枝をもって立つ、金色に輝く「翼をもった勝利の女神」。ロンドンのザ・マル［バッキンガム宮殿の正面の通り］。この記念碑は、大英帝国の力と偉大さを比喩的に美しく表現している。

は、英雄的偉業をなしているかヤシの自生地でヤシを扱う仕事をしているアフリカ人の想像図で飾られている。

テムズ川は船積みのできる埠頭と複合的なドック設備のある物流の大動脈であり、2世紀以上の間、熱帯からヤシとヤシ製品が大量に輸入されてきた。川のそばには、パーム油脂から石鹸、ろうそく、マーガリン、ビスケットを作る工場があった。タワー・ブリッジのすぐ南のバーモンジー地区は、ビスケットを作る香りがただよい、「ビスケット・タウン」とも呼ばれた。バターシー地区の川岸に世界最大のろうそく工場があったが、ここにはもともとはろうそく用に固い脂肪を抽出するココナツ粉砕工場があった。1世紀前には、西ロンドンのサウソール地区にあるメイポール・マーガリン・ファクトリーがヨーロッパ最大のマーガリン工場だった。

こうしたヤシを使う工場の大多数は、操業を中止してかなりたっている。しかし、このロンドンのヤシを巡る旅の最後の地点は、パーフリートにあるユニリーバのフードスプレッド工場で、シティ・オブ・ロンドンにあるこの会社の本部から32キロ東の、テムズ川のそばにある。パーフリート工場は、主要材料であるパーム油を使って、1世紀以上の間、マーガリンや似たような製品を生産してきた。今日、この工場はフードスプレッドの製造では世界最大の工場といわれており、さまざまなサイズの製品を1日に100万カップ生産している。

現代のフードスプレッドは、ヤシがいかにロンドンの住民やここを訪れる人々の日常生活に入り込み浸透しているかを示すひとつの例――ほかにもたくさんある――である。雑誌の写真やテレビの映像であろうが、スーパーやコンビニで購入される移り変わりの激しい消費財であろうが、きわ

ランドマーク・ロンドンのウィンター・ガーデン・レストランを飾る「プリザーブド・パーム」。かつてはこのホテルは鉄道会社が運営し、鉢植えのヤシで飾られていた。

めて例外的な場合を除いて、今日、人々がヤシと日常的に接触するのを避けるのは不可能だ。その意味で、現代のロンドンはあらゆる現代都市と同じように、ヤシの街である。

かつて太陽の沈まない帝国をもつ大国の首都であったロンドンには、とくに豊かなヤシの歴史がある。ヤシを探す同じような旅は、世界中の都市や町でもできるだろう。ヤシを巡るツアーは、この植物がどのようにしてなぜ、現代の場所や人々にとってこれほど重要なものになったのか、さまざまなテーマ——本書が探るテーマだ——を提示し明らかにしてくれる。

◉テーマと範囲

ヤシはちょっと変わった顕花植物である。代表的な熱帯の木で、誰でも典型的なヤシがどのような姿をしているか知っていて、思い出して絵を描いてみたらたいていの人がうまく描ける。18世紀のスウェーデンの植物学者、カール・リンネ（1707〜1778年）は生物の種の命名法に一定の形を与え、この命名法は今日でも使われているが、彼はヤシは「堂々とした立派な姿」をしているので「植物のプリンス」[1]だと考えた。すぐそれとわかる独特のステレオタイプがあるにもかかわらず、この植物の仲間は驚くほど多様でもある。ヤシには2600以上、おそらく3000もの種があり、新たなものが発見され分類体系が修正されて、その数は増え続けている。

ヤシは植物界における記録破りの名手である。オオミヤシ（*Lodoicea maldivica*）は、30キロもある世界最大でもっとも重い種子を作る。その形が抽象化された女性の姿に似ているため、種子はラ

オオミヤシ、セーシェル諸島のプララン島、1851 ～ 1930年。

ドワーフココナツから作られ、メカジキを表現したニューギニア島パプア湾地域のココナツのお守り。1890 ～ 1920年頃。お守りには魔法の薬が詰められた。旅人たちは、危険を防ぐためにお守りを繊維を編んだ袋に入れて首にかけた。

ブナッツと呼ばれることもある。長さ25メートル以上、幅3メートルの、植物界で最長の葉をつけるのはアフリカのラフィアヤシ（*Raphia regalis*）。高さ10メートルのところに2400万個もの花がある地球最大の花序――1本の花柄についた花の房――をつけるのはインドのコウリバヤシ（*Corypha umbraculifera*）。植物の茎の最長記録は200メートル近くで、つる性のラタンヤシの一種である *Calamus manan* がもっており、たいていは近くに生える高木によじ登るが、林床に水平に広がることもある。見た目がもっと立派で明らかに高木に似ているのが、コロンビアの国の木になっているロウヤシ（*Ceroxylon quindiuense*）で、枝のない中空の幹が60メートルもそびえ立ち、その上に葉が茂る。

一般に「ヤシの木」という言葉が使われるが、この植物は落葉広葉樹や常緑針葉樹のような樹木ではない。外へ向かって成長することにより

デヴィッド・ロバーツによる原画のリトグラフ、《エスナの神殿》、1838年11月25日の日付。

毎年太くなる木質の幹をもたず、年輪を生じないし、外樹皮でおおわれていない。それどころかヤシは草本との共通点の方が多い。ヤシの植物学的特殊性と自然史については次章で探る。19世紀——ヤシの発見と利用が進んだ重要な時期——におけるヤシについての科学的理解の進展と、現代の生物学と植物学がこの植物をどのように分類し分析してきたかというふたつの点に注目する。ヤシの種の大多数は世界の熱帯および亜熱帯原産である。第2章の結論部分で述べるように、こうした原産地では、辺ぴで孤立した雨林の村に住む人々など先住民の生活の維持や、東南アジアのようなもう少し進んだ社会の発展に、ヤシが非常に重要な役割を果たした。

第3章では、ナツメヤシ（*Phoenix dactylifera*）というひとつの種が、中東の肥沃な三日月地帯（西はナイル川流域から東はペルシア湾に至る、半円形に近い形をした土地）で数千年前に古代文明の誕生と発展に果たした役割に注目する。ナツメヤシには実際的かつ実用的な有用性があっただけでなく、人々はこの植物との関係を深め、神秘的で神聖な象徴的意味をもたせるようになり、それは数千年を経た現在まで伝わっている。

第4章では、どのようにして西洋によってヤシが発見されたかの物語を語る。発端ははっきりせず、それから数百年かかったが、近代社会の出現、西洋人によるヨーロッパから熱帯の国々への探検の航海、初期の国際貿易、産業革命の開始とともに発見と理解のペースは速まった。

資本主義は、発展し世界中に広まるにつれ、新しい驚くべきやり方でヤシを理解し利用した。第5章では、産業と帝国主義の時代に西洋が支配する熱帯および亜熱帯の国々で、ヤシがどのようにして有用で重要な天然資源になったかに注目する。ヤシとヤシ製品が帝国の中心へ運ばれ、資本主義のエンジンの（ときには文字通り）潤滑油になった。ヤシから得られる油脂は、最初の近代的消費財といってもよい石鹸を作るのに不可欠な材料になった。

今日、ヤシは現実のものも観念的なものも、ほかのどんな植物よりも深く複雑に現代の消費社会に組み込まれている。現代人のヤシおよびヤシ製品との関係は、わかりにくかったり隠されたりしているもの、論争を引き起こし歓迎されないものもあれば、喜ばれ称賛されるものもある。

第6章では、戦後から現在までのパーム油の経済的利用について述べる。現代のパーム油の使用は目に見えないことが多いが、結論の出ない論争にはまり込んでいる。即席麺からクッキー、シャンプーから口紅まで、あらゆるものの材料として使われるパーム油は、現代社会で消費者でいるということがどういうことかを明確にするのを助けてくれる。だが、おそらく世界でもっとも重要で

ドラマチックなヤシ：ソフィー・ムーディの『ヤシの木 *The Palm Tree*』（1864年）の口絵。

建築的なヤシ：アル・ズメリダ、クウェート、2011年4月。

あらゆるところに存在する、現代の生活に欠かせない植物由来のこの材料は、熱帯雨林とその植物相と動物相、そして伝統的な地域社会の破壊にも関与している。

最後の3つの章では、別のテーマと概念に移る。19世紀以降、収集され輸送されたヤシは、その自生地を出て新たな場所へ連れていかれ、装飾的で建築的な植物として、衣類として、そしてイギリス西部沿岸の庭園やフランスのコート・ダジュールの遊歩道、ハリウッドの大通りのようなさまざまな屋外の場所をロマンチックにして魅力を添えるために使われた。屋外でヤシが生きていけないところでは、パーム・ハウスやウィンター・ガーデンなどの人工的な環境に入れられ、比較的寒い北の地方に住む人々を驚かせるために展示された。

最後の章では、抽象作品とファンタジーのヤシに注目する。装飾やデザインに見られる、理想化され本質的要素にまで切り詰められた、人の手に

マラガ公園（マラガ港ぞいにある公園）のヤシ、スペイン、2009年。

よるヤシのモチーフは、かなり前から何かを表す重要なしるしだったが、厳密には表されるものは時がたつにつれて変化してきた。ファンタジーとしてのヤシは、ときには矛盾することもあるが相互に関係のある考えや感情の複合体を連想させる便利な表現になった。今日、ヤシは多くの場合、仕事を離れてのんびりすること、楽しい別世界と夢の世界、エキゾチックなもの、エロチックなもの、人里離れた孤立したところ、文明から離れ自然に近いことのシンボルである。ときには逆の場合もあり、ヤシが危険や文明の破滅を暗示することもある。

第2章　巨大な草を解剖する

16世紀に、ヨーロッパ人が赤道周辺の陸地と海を表すために使う大雑把な表現として、「トロピクス」（熱帯地方）および「トロピカル」（熱帯の）という言葉が登場した。ヨーロッパから来た旅行者や探検家たちは、発見した土地のさまざまな住人や地理について知りたがった――そしてのちには利用し支配したがった。ヤシはすぐに熱帯と亜熱帯の典型的な植物とみなされるようになった。最初は自然哲学者や博物学者が、そして17世紀からは植物学者がこの植物の研究を始め、詳細に調査して目録を作り、分類した。

ヨーロッパ人はとりわけヤシの外観と形とユニークさに感銘を受けた。プロイセンの探検家で博物学者のアレクサンダー・フォン・フンボルト（1769～1859年）は、ヤシは「あらゆる植物の形のなかでもっとも威厳がある」[1]と考えた。ドイツの文豪ヨハン・ヴォルフガング・フォン・ゲーテ（1749～1832年）は1786年にパドヴァの植物園（1545年にヨーロッパで最初に設立された植物園）を訪れた。彼は、そこで樹齢200年のチャボトウジュロ（*Chamaerops*

自生地でのヤシのイラストは、分類しさまざまな種に関する情報を広めるための重要な手段だった。仕事中の植物画家を描いたこの1826年のイラストは、大きな影響力をもつドイツの植物学者で探検家のカール・フリードリヒ・フィリップ・フォン・マルティウスによるもので、彼の『ヤシの自然史 第2巻』に掲載された。

humilis）を見たことで、「原植物」の概念にいっそう近づくことができたと思った。

その堂々たる姿を別にすれば、ヤシは典型的なヨーロッパの高木やそのほかの木本植物とはまったく異なることが明らかになった。パーム・ツリー（ヤシの木）は、この言葉が一般に使われるにもかかわらず、年輪のある幹、材、樹皮といったものがなく、厳密な意味でのツリー（高木）とは異なり二次成長によって径を増すことができない。要するにヤシは巨大な草本なのである。ラン、イネ科の草や穀物、バナナ、タマネギ、アスパラガス、ブルーベルやチューリップのような花を咲かせる球根植物などと同じく、ヤシは単子葉植物（顕花植物の3つのグループのひとつ）である。単子葉植物の種子には子葉がひとつしかなく、子葉は種子の栄養を使って第一普通葉を生じ、これが一点から成長していく。

●分類という難問

ヤシの命名と分類の仕事は開始から2世紀以上たっても完了していない。分類学者たち——分類体系を作る人たち——は、どんな順位付けにすべきか、どの植物学的特徴を優先すべきかという問題をめぐって、議論を戦わせてきた。西洋の大いなる植物探検の時代に、同じ種が異なる植物学者によって「発見」されることもあり、それぞれが異なる学名を考案したりつけたりした。そのため、しばしば混乱と争いが続いた。

西インド洋の離島であるレユニオン島原産の、すばらしく装飾的で存在感のある赤いラタンヤシを例に説明しよう。ヨーロッパの自然哲学者たちは、18世紀末にこの植物を独立した種とみなした。まずドイツの医師で植物学者のヨーゼフ・ゲルトナーが、1791年に *Cleophora lontaroides* と命名した。1年後にやはりドイツ人のヨハン・フリードリヒ・グメリンが *Latania commersonii* と呼んだが、フランスの博物学者で軍人のジャン＝バティスト・ラマルクは *Latania borbonica* という名前を用いた。1800年、オランダ人の男爵ニコラウス・フォン・ジャカンにとっては、この植物は *Latania rubra* だった。種名は議論の的になったが、*Latania* という属名——現地の普通名ラティニエをラテン語化したもの——は定着したように見えた。しかし、意見を異にする人もいた。70年後、ロンドンの植物商で園芸家のベンジャミン・サミュエル・ウィリアムズが、別の属の植物だと考えて、著書の『選りすぐりの温室用観葉植物 *Choice Stove and Greenhouse Ornamental-leaved Plants*』（1870年）で *Livistona borbonica* と命名している。その後も1877年に *Latania plagicoma*、1895年に *Latania vera* と続いた。1941年にはアメリカの植物学者オラター・フラー・クックが最初の属名に戻って、このヤシは *Cleophora commersonii* と呼ぶべきだと考えた。1963年にようやく、ヤシの大家で分類学者のハロルド・エメリー・ムーア（1917～1980年）が、広く認められ受け入れられるようになる学名 *Latania lontaroides* をつけた。[2]

ヤシ目全体の分類と構成をどうするかについては、また別のレベルの複雑さがある。ひとつの種を別のものと区別したり、異なる種を同じ科や亜科のメンバーとしてまとめたりするときに、ヤシのどの要素や特徴を重視するかという問題である。カール・フリードリヒ・フィリップ・フォン・マルティウス（1794～1868年）が、分類の枠組みを設ける最初の注目に値する試みをした。

植物のイラストはしばしばコピーされた。たとえばこの1855年版の絵は、マルティウスのオリジナルをもとに、L. ストルーバンが『挿画入り園芸雑誌 *L'Illustration horticole*』のために描き直したものである。この新しい方の絵の画家は、ヤシを描くイラストレーターのそばにいる人物を変更している。

探検家で植物学者、大学教授でもあるマルティウスは、1817年から3年間、アマゾン川流域を旅した。ドイツに帰国すると、不朽の名著となる美しい図版入りの『ヤシの自然史 *Historia naturalis palmarum*』を1823年から1850年にかけて3巻に分けて出版した。自らのヤシの繁殖器官の研究をもとに枠組みを設定したマルティウスは、ヤシには6つの異なる科があると考えた。

同じ頃、世界の別の地域で現地調査をしたほかの植物学者たちが、それに代わる枠組みと命名法を提唱した。1840年代にインドで研究していたウィリアム・グリフィス（1810～1845年）は、今日も続いているやり方をはっきり述べて採用した最初の植物学者で、ヤシ類を多数の亜科を包含するひとつの科として扱った。

19世紀の中頃から、ヤシの探検家や植物学者は、ヤシに関する科学的知見を増やす一方で、広がりを見せる熱心な一般の読者層のためにこの植物に関する本を書いた。一般向けのヤシの本を書いたとりわけ重要な人物が、『アマゾンのヤシの木とその用途 *Palm Trees of the Amazon and Their Uses*』を書いたアルフレッド・ラッセル・ウォレス（1823～1913年）と、『ヤシとその仲間の話 *Popular History of the Palms and Their Allies*』を書いたバートホルト・ジーマン（1825～1871年）である。この若い科学者——1850年代に著書が出版されたとき、ふたりは30代の初めだった——はどちらも、世界を探検する博物学者になってすでに4年がたっていた。ふたりともずば抜けた博識家だったが、ジーマンが40代で亡くなったのに対し、ウォレスは1913年に亡くなったときにはおそらく世界でもっとも有名な科学者になっていた。

ウォレスの本の最初の文章は、21世紀になってもまだ新鮮さと妥当性を有している。

ヤシは内生、つまり内側へ成長する植物で、植物界の中でイネ科の草やタケ、ユリ、パイナップルと同じ大きなグループに属しており、イギリスの林木をすべて含むグループには属さない。ヤシは多年生で、一年生ではなく……茎は1本かごくまれに分枝し、細長く直立した円柱状で、大多数の高木の場合のように先へ行くほど細くなってはいない。屋外では寒さに耐えることができず、落葉したことを示す傷跡やリング状の跡がいくぶんはっきりとついている。[3]

当時、知られていたヤシは600種足らずだったのだが、ウォレスは驚くべき先見の明をもって、きっと2000種はあるだろうと述べている。

20世紀を通じて古い分類体系が修正されては新しい体系が提案されたが、たいていは葉のつき方と形、茎の特徴、発芽の仕方など、ヤシのさまざまな形態学的側面——植物の形と構造——に重点を置いたものだった。亜科へのグループ分けは、観察をもとに記録されたヤシの形態に基づいてなされたが、同じ亜科の種はすべて互いに類縁関係にあるということも前提にしていた。[4]

1990年代以降、ヤシの種間の進化学的関係の理解に革命が起こり、分類が一変するような進展があった。植物系統学におけるもっと広く根本的な進歩の結果、DNAシーケンシング（配列決定）を使ってヤシの分子レベルの構造と進化について知ることができるようになったのである。その成果であるより厳密でより信頼できる分類が、重要な『ジェネラ・パルマルム *Genera Palmarum*』（2008年）に詳しく書かれている。ついに、たんなる観察記録に基づいた推測ではなく、立証された科学的事実によって、あるひとつの亜科に属するすべてのヤシが共通の祖先をもつことを

若いココナツの中にあるきれいな水を飲めるように準備しているところ。道端のココナツ売り、セントルシア、2016年。

はっきりと示すことができるようになった。[5]

しかし、2世紀以上の間そうだったように、ヤシの分類の仕事はなお進行中である。近年の進歩にもかかわらず、現在の枠組みは修正されさらに練り上げられるだろうし、新しい分子生物学や形態学の研究が実施され、植物学の知識が刷新されて、さらにヤシの種が発見されるにつれ、ヤシの属と種の数が上方修正されるだろう。

現在の植物学の分類では、ヤシは単子葉植物の中の大きなグループであるヤシ目（Arecales）に属している。それ自体、ヤシ科（Arecaceae）というひとつの科からなり、歴史的理由から、そして混乱のもとなのだが、ヤシ科はPalmaeとも呼ばれる。ヤシ科には5つの亜科——トウ亜科（Calamoideae）、ニッパヤシ亜科（Nypoideae）、コウリバヤシ亜科（Coryphoideae）、ケロクシロン亜科

（Ceroxyloideae）、アレカヤシ亜科（Arecoideae）——があり、その下に28連、27亜連がある。そして、使われる資料によって異なるが、属が180～200、種が2600～3000ある。

たとえば、もっとも代表的な熱帯植物で本当に熱帯のどこにでもあるヤシの種であるココヤシは、*Cocos nucifera* という種名をもち、ココヤシ属（*Cocos*）、ココヤシ連（Cocoseae）、ヤシ亜科（Arecoideae）、そしてヤシ全体を含む科と目の名前であるヤシ科（Arecaceae）およびヤシ目（Arecales）に属す。

●多様性の極地

ヤシは数千万年前から存在している。最古のヤシの化石は1億年前の白亜紀のものである。種の数が多いことからわかるように、現在のヤシは驚くほど多様な形をしている。典型的なヤシでは1本の直立した中空の茎のてっぺんに大きな常緑の葉が群生しているが、そうでない場合もあり、少数ながらいくつかの種では規則的に枝分かれする。

地表あるいはそのすぐ下を水平に成長し、地面近くに葉を茂らすものもある。ヤシはとくに熱帯の干満のある河口、入江、川の軟らかい泥によく生える。たとえばニッパヤシ（*Nypa fruticans*）は、ガンジス川のデルタ地帯から南西太平洋の大小の島々まで、広大な地域に分布するマングローブ植物で、茎が地面のすぐ下を水平に成長し、それから大きな葉が出て立ち上がる。

ほかに、近くに生えている高木に付着して林冠へと這い登るつる性のヤシもある。トウ属（*Cala-*

ケアンズ植物園に展示されている茎のないジョーイパーム（*Johannesteijsmannia altifrons*）の豪華なひし形の葉、オーストラリア、クイーンズランド州。

mus）のいくつかのつる性のラタンは、驚くような生活を送る。爪を立て引っかけて林冠に入り込み、その後、重さを支えることができなくなったらまた下に落ちることもあるが、それでも成長し、林床を這って、また上へ登ろうとする。*Calamus manan* という種の茎は長さおよそ200メートルの記録があり、ほかのどの植物の茎より長い。

大きさ、高さ、長さの記録をもつヤシ類だが、その一方で小さく細いものもある。ヤシ科には、高さがわずか12センチの種もあれば、60メートルにもなる種もある。茎の直径はたった3ミリから1メートルをゆうに超えるものまでさまざまである。

ヤシの茎の直径は、その株が上へ成長する前に地下で決まっている。成長は両端、つまり根と上部の樹冠で起こる。成長するにつれて茎は、重なり合った葉の基部が残ってできた鞘で外側を包まれる。新しい葉は茎の先端の一点から出るので、結果として古い葉が茎の下の方へ押し下げられるように見える。茎の中心部は普通、スポ

ローヤーケイン（弁護士の杖）と呼ばれる *Calamus australis* は、鉤状のとげがある長いつるを使って体を引き上げ、オーストラリア、クイーンズランド州北東部の雨林の林冠に登る。

ンジ状で、周辺部に比べて軟らかく量が多い。周辺部はたいてい硬く密な細胞、繊維、ひも状の結合構造の束でできていて、時間がたつにつれて丈夫で厚くなり、切ろうとすると使った道具がなまくらになることもある。ヤシの茎は鉄筋コンクリートの柱と比較されるほど硬くて丈夫だが、柔軟性もあり、たわむことができて非常に折れにくい。[6]

根はたいてい地中に入り込むが、地面より上に塚のように盛り上がったり、茎の上の方から出て支柱の働きをするものもある。葉は常緑で形はさまざまだが、すべて扇だたみで——アコーディオンのようなひだがある——、代表的なのが羽状葉と掌状葉のふたつで、それぞれ鳥の羽とうちわに似た形をしている。ヤシの花序は非常に多様で、数百個の花からなる複雑で巨大な花房を形成するものもある。花序のもっとも驚くべき例がコウリバヤシ（*Corypha umbraculifera*）で、非常に小さな花が何百万個もつき、30〜80年かかって一生に一度、開花結実して枯れる。ヤシの構造と形態のそ

ヤシ酒を作るためにヤシの木の樹液を採取する危険な作業、ナイジェリア、1970年頃。

のほかの側面にもかなりの多様性が見られ、茎、根、葉の大きさ、形、成長のほか、分枝のパターン、花とその構成部分の構造など生殖器官も多様である。

ヤシの果実は通例、種子が1個の核果（石果）で、実を包む果皮は外果皮でできていて、その内側に多肉質の中果皮があり、その中に堅い内果皮、すなわち核があって種子（カーネル［核の中の軟らかい部分］）を保護し保持している。人間に非常に役立っているナツメヤシ（*Phoenix dactylifera*）とアブラヤシ［厳密にはギニアアブラヤシ］（*Elaeis guineensis*）のふたつのヤシの果実には多肉質の中果皮があるのに対し、同じように有用なココナツの中果皮は乾いた繊維層になる。

◉ヤシの地理学

ヤシの種の90パーセント以上は原産地が高温多湿で雨の多い熱帯雨林である。そのような場所で生まれたため、ヤシは長い厳寒期を生き延びるために活動を停止できる防御的な休眠のメカニズムを必要としない。そして、このメカニズムがないため、ヤシの原産地以外での生存能力は限られている。

群を抜いてヤシが豊富な生物地理区はマレシア区で、992種が生育している。赤道をまたいで、東南アジア本土とオーストラリアの間の南西太平洋に位置するこの地区は、マレー半島と、フィリピン諸島、スマトラ島、ボルネオ島など数百の島々を包含する。そのほか太平洋でもフィジーとハワイの、ヤシの島というと思い浮かべるような島々がある区域に128種、オーストラリアに58種

熱帯雨林越しにプチピトン山を望む。セントルシア、2016年。ヤシは多くの有名な熱帯の「絶景」を形作っている。

ある。アメリカ両大陸には730種が自生しており、437種が南アメリカ、251種が中央アメリカ、238種がカリブ海の島々で見られるが、北アメリカには14種しかない。大陸を二分して赤道が走っていることを考えれば、アフリカには驚くほどヤシが少なく、65種しかない。アフリカの東に行くと、西インド洋の島々には193種が自生しており、世界で4番目に大きな島であるマダガスカルにはヤシの固有種が165あって、アフリカ大陸全体の3倍近い数の種が存在する。アジア本土の広大な地域には、354種のヤシが自生している。ヤシ科の調査と分類にヨーロッパ人が大きな役割を果たしたにもかかわらず、ヨーロッパには厳密には2種しか在来種はなく、一方はアフリカ、他方はアジアでも生育している。[7]

ヤシというと熱帯を連想するが、それとは

ケアンズ植物園にあるヒメショウジョウヤシ（*Cyrtostachys renda*）の木立ち、オーストラリア、クイーンズランド州。

カリフォルニア・デザート南部に生えているカリフォルニア・ファンパーム（*Washingtonia filifera*）。

まったく対照的に、砂漠のオアシスや無人島など、砂漠のような風景のシンボルとして用いられることもある。しかし、ヤシが生き続けて盛んに成長するには、根は大量の水を必要とする。たとえばカリフォルニア州南部の乾燥したコーアチェラ・バレーでは、カリフォルニア・ファンパーム（*Washingtonia filifera*）の生育するオアシスはサンアンドレアス断層によってできた泉の列にそって存在する。

高標高や高緯度のところでも耐えられるヤシは、低地の雨林から離れたところでも盛んに生育することができる。非常に背の高いアンデスロウヤシ（*Ceroxylon parvifrons*）は標高の記録をもっており、エクアドルの高所にある雲霧林の、場合によっては海抜3600メートル近いところでも生育できる。熱帯から遠く離れた、もっとも北に自生するヤシのチャボトウジュロ（*Chamaerops humilis*）は、北緯44度に位置するフランスの地中海沿岸に生え

イタリアの湖水地方の自生地に生えているワジュロ：コモ湖畔レンノにあるバルビアネッロ邸の庭園からの眺め、2014年。

ている。南半球の同じくらいの緯度では、世界でもっとも南のヤシであるニカウヤシの一種 *Rhopalostylis sapida* が、ニュージーランドから東にかなり離れた太平洋上のチャタム諸島に生えている。

とくに耐寒性のある種がワジュロ（*Trachycarpus fortunei*）で、たんにシュロとも呼ばれる。ワジュロは1830年にまず日本から、その後1849年に中国からヨーロッパへもたらされて、今ではヨーロッパ原産のチャボトウジュロよりさらに北で標高の高いイタリアの湖水地方とスイス南部に帰化している。冬のアルプスの風景の中にある異国のヤシは、不釣り合いで不思議な印象を与える。ワジュロはエキゾチックで建築的な植物として使われて、ヨーロッパや北アメリカのずっと高緯度のところでも、温暖なとくに海岸の風景を飾っている。

好適な環境では特定のヤシがたくさん生育して密集した大きな木立ちや広範囲をおおう群生地を

形成することがあり、熱帯の多くの河口域や湿地、沼沢地で単一の種のヤシが優勢になっている。ただしアマゾン川流域の大半では、1万6000の異なる種に属する樹木とヤシが4000億本あると推定されており、状況は異なる。[8] しかし、この広大な地域の植物の豊かさと多様性にもかかわらず、比較的少数の「超優勢な」アマゾンの高木とヤシがあり、とくに優勢な20種のうち7種はヤシである。52億本あるとされるもっとも一般的な植物はアサイヤシの一種（*Euterpe precatoria*）である。5番目が推定40億本ある *Iriartea deltoidea* で、スティルト（竹馬）パーム、ホーン（角）パーム、バリゴナ（太鼓腹の）パームなど、通称がたくさんついている。

●ヤシと先住民の社会

Iriartea deltoidea は、珍しいことに幹の中ほどがふくらんでいて外側が緻密で丈夫なことが特徴で、本章で言及したすべての種と同様、さまざまなやり方で人間に利用されてきた。幹を割って中の軟らかい部分を除いて残った硬く耐久性のある外側の部分が壁、床、槍作りに、さらには幹がふくらんでいる場合はカヌーや棺としても使われてきた。[9]

原産地では、ヤシは何千年もの間、人々の暮らしを維持し、地域社会を支えてきた。この植物の資源のおかげで、文明が開花し、経済が発展し、文化が栄えることができたのである。そして人間社会は、ヤシに象徴的意味や神聖な意味を与えた。ヤシの用途の多様性は途方もないもので、人間が植物界とかかわりながら計り知れない創意工夫をしてきたことを示しており、この植物は医薬か

ヤシの葉に不透明水彩絵の具、12世紀初め、ベンガル（バングラデシュ）。火炎光背を背負って座るホワイトターラ（白多羅菩薩）の仏画。

ら兵器、衣類から外洋船の帆、アルコール飲料から髪や体用のローションまで、あらゆるものを作るのに使われてきた。[10]

1980年代の民族植物学の有名な研究に、ブラジル北東部のアピナイェとグアジャジャラという部族による17種のヤシの利用法を調査したものがある。[11] もっとも重要なババスヤシ（*Orbignya phalerata* とされていたが、現在は *Attalea* 属の種とされている）には非常に多様な用途があった。たとえばカーネルの中にある液状の胚乳は出血を止めるのに使われ、殻から歯痛を緩和する麻酔剤ができ、殻を燃やせば煙が虫よけになった。中果皮はげっ歯類を狩るときの餌として使われ、葉は燃やして農業用の肥料にされ、幹は貴重な建築資材だった。そのような用途は、このふたつの部族が外部からの影響にさらされることが多くなるにつれ、廃れていった。

実用的な用途のほかに、アマゾン川流域の部族にとって、ヤシは精神的、呪術的、超自然的な側面ももち、しばしば部族の起源の物語と結びつけられた。ひとつ例をあげると、コロンビアを流れるアマゾン水系のピラパラナ川のマクナ族は、自分たちの先祖の女性の霊が特定のヤシ（*Jessenia bataua*、現在は *Oenocarpus bataua* とされている）に生まれ変わり、ヤシの実を通して生きている者に母乳を与え続けると信じている。[12] 熱帯と亜熱帯のいたるところでそのような信仰が数と多様性をもって存在した。今では多くの知識が失われているが、多くの先住民にとってヤシが神秘的で宗教的な深い意味をもっていたことは明らかである。

東南アジアのようなほかのヤシの原産地では、ずっと産業化の進んだ社会の人々が古くから手の込んだ複雑なやり方でヤシを利用していた。マドラス軍の副監察官だったエドワード・バルフォアが19世紀中頃にタミル語の詩「タラ・ヴィラーサム」について書いているが、この詩にはオウギヤシ（*Borassus flabellifer*）の用途が８０１列挙されている。[13] 2千年以上続いたこのヤシの用途のひとつが、葉を乾かしていぶし、その上に文字を書いたり挿絵を描いて写本に使うことだった。こうして書くことにより、人々の間や世代を越えて情報や考えを伝えることができ、社会のさらなる発展が可能になった。バルフォアの本が印刷され読まれた頃には、写本へのヤシの葉の使用は廃れていた。残っている写本は今日では大切に保存され、工芸品として、そして含まれている情報のために高く評価されている。

第3章　文明とナツメヤシ

ナツメヤシ（*Phoenix dactylifera*）は、古代世界における定住農業の発達と都市および文明の出現と密接な関係にあり、こうしたことがもとになって、数千年かかって今日の西洋文明が出現した。ナツメヤシがなければ、今あるような形の現代社会は存在しなかっただろう。

ナツメヤシは、もとをたどれば古代世界で栽培化された4つの果樹のおそらく最初のものだったのだろう。ほかの3つ――地中海周辺の土地で野生状態で見つかるオリーブ、ブドウ、イチジク――と異なり、ナツメヤシは古代近東（中東、あるいはそれほどヨーロッパ中心の言い方ではない西アジアとも呼ばれる）で栽培化された。人間と関係のあるナツメヤシのもっとも古い考古学的遺物は8000年前のもので、おそらく野生のナツメヤシだろう。ナツメヤシが正確にいつどこで栽培化されたのかは不明だが、6500～5500年前の、新石器時代から青銅器時代へ移る最初の段階である金石併用時代の可能性が高く、場所は砂漠のオアシスかメソポタミア下流域――バグダッドからペルシア湾までの地域――だったのかもしれない。[1]

アラビアの民間伝承に「このオアシスの王は足を水につけ、頭は天国の火の中にある」[2]とあり、

何千年もの栽培の結果生まれたナツメヤシの林が、依然としてチグリス川のほとりの風景の支配的な要素である。1932年頃にイラク（古代バビロニア）を撮影した写真。

「イラクのヒッラで撮影したユーフラテス川の風景。立派なヤシにつるして漁網を干しているところ」、1932年に撮影された写真。

ナツメヤシの好む環境をうまく言い表している。この植物は干ばつや塩気のあるよどんだ水が続く時期も耐えて生きることができるが、根が真水に容易に達するところでよく育ち、アラビアとサハラの暑い砂漠ではそのような条件のところで繁栄した。非常に堂々とした生産力のある植物で、単独で生えているナツメヤシは24メートルの高さにまで成長して樹冠の幅が9メートルを超えることもある。ナツメヤシの栽培品種は数百種類あった（今でもある）。それぞれ異なる特徴をもつデーツ（ナツメヤシの実）をつけ、100年以上生きているようなもっとも生産力のあるものからは、実が年に数十キロ収穫できる。単一の植物を増殖してナツメヤシ園にすると、整然と並んだ目を見張るような植物の連隊が広がることになる。

◉栽培と利用

栽培化により、この植物の繁殖方法は、野生状態での自由な有性生殖（風媒受粉）から、人間によって制御され管理される栄養繁殖に変えられた。技術をもつ人が雌雄異株の――雄と雌の生殖器官が別々の株にある――植物に行う人工授粉が初めて実施されたのは、4000年以上前のことである。この植物版ハーレムでは、デーツを生産する雌株50本以上に授粉するのに、雄株がたった1本あればよかった。

株自体はふたつの方法で増殖された。種子を植えるか、オフシュート（側芽が伸びたもの）を移植するかだ。ひとつ目の方法では、果実の中の種子（核）は長期間生きることができ、発芽させる

灌漑されたヤシ園が麦畑などさまざまな小規模農業を維持するのを助けた。1934～1939年に撮影された、エジプトのナイル川流域の写真。

のも簡単なため、ナツメヤシをひとつの場所から別の場所へ簡単に広げることができた（2005年、マサダ要塞跡の遺跡の発掘中に発見された2000年前の雄のナツメヤシの種子を発芽させることに成功し、10年後に雌株への授粉に使われた）。[3] しかし、種子から育てるとどんなナツメヤシの成木ができるかわからないし雄株が多すぎるため、要求される形質を示す特別な個体のオフシュートを発根させて移植する増殖法の方が好まれる。[4]

ナツメヤシの栽培化と栽培には、定住社会であることが必要だ。慣習、慣例、そして法律を用いて、この植物の利用を監視し規制した。たとえば、紀元前1750年頃（解読されたかなりの長さのある文書としては世界最古級）のバビロニアのハムラビ法典には、ナツメヤシ園の植付けと栽培、そして土地所有者とヤシ栽培者の関係に適用できる法律と罰則が詳細に書かれている。[5] 同じ頃、複雑な灌漑システムやデーツの実からシロップを搾る圧搾機のような、高度な技術もしだいに使えるようになってきた。ナツメヤシ農家は、人工授粉と管理、オフシュートの分離と移植のような専門技術ももつようになった。

破壊的な略奪をする侵入者から村を守る必要があり、それができないところでは悲劇的な結末になることもあった。たとえば、現存するアッシリアの記念碑に、包囲あるいは占領された都市のナツメヤシ園の破壊の様子が描写されているが、そのような経済目的の戦争行為は、負けた住民に対する勝者の残忍で容赦のない扱い以上にひどいものだった。[6]

ナツメヤシは、西アジアと北アフリカ、とくに東はペルシア湾から西はナイル川流域に広がる発明と農業と都市の発祥の地である肥沃な三日月地帯において、交易の発達と文明の拡大を促進した。ナツメヤシは非常に重要だったので、古代メソポタミアの文化でも「豊穣の木」や「富の木」と表現された。[7]

持ち運びでき栄養豊富な乾燥させたデーツの実――カロリー豊富で糖含有率が多いときは80パーセントにもなる――は、不毛の砂漠を渡る長旅でも容易に持ち運ぶことができた。砂漠では、隊商路にそって旅する旅行者にとって、避難場所と食料を提供してくれるオアシスは不可欠な存在だった。オアシスはナツメヤシを植えて栽培することにより豊かになって拡大し、灌漑と組み合わせることで農業の発展と普及にとって非常に重要なものになった。ヤシがあることで涼しく日陰のある微気候が生まれ、穀物や果樹、野菜を栽培できるようになった。定住農業により人々は遊牧ではなく定住生活をすることが可能になり、すると今度はヤシの葉と幹の両方が永続的な建物の建設に使

ナツメヤシの利用法を示した西洋の図、1840年頃。

ヤシの木がデザインされた、持ち手のある（不明だがおそらく）重り。ペルシア湾地域（イラン南部）から出土、青銅器時代初期。

われた。[8] こうして最終的に「隊商都市」という新たな種類の都市形態が生まれ、そこでは発生した余剰の富が、たとえば税金として集められて、支配者や聖職者によって使われ、権力者を賛美するための芸術や建築につぎ込まれた。[9]

ナツメヤシで知られる現存する古代のオアシスとして、イランのタバス、アブダビのリワ、サウジアラビアにある現在世界最大級のヤシの木のオアシスであるタイマとアハサーなどがある。あらゆるオアシスのうちでもっとも有名なのがパルミラで、最近も続く軍事紛争と破壊により、今ではシリア砂漠の悲劇の都市となっている。シリアとメソポタミアの間にあって古代の旅人と隊商が立ち寄ったこの場所の名称は、語源がはっきりしないが、3500年以上前のデーツを意味するセム語に由来するのかもしれない。

西アジアの外では、デーツはフェニキアとカルタゴの交易商人に助けられて地中海周辺を移動し、おそらく紀元前5世紀頃にヨーロッパ南部にもたらされた。

古代世界ではナツメヤシは非常に有用で、この植物のほとんどすべての部分がいくつもの実際的な用途に使われた。[10]

たとえば樹液を発酵させた酒は、たんに飲むためだけのものではなかった。ギリシアの歴史家ヘロドトスは、紀元前454年頃にエジプトを訪れたときに目撃したミイラ作りの方法について書いており、防腐処理のときに遺体の内臓を抜いたら空洞をヤシ酒で洗ってから没薬やその他の香料で満たすのだという。[11] キリストが没する約10年前に亡くなったギリシアの地理学者で歴史家のストラボンは、バビロニアでナツメヤシがどのように利用されていたか書いている。

パン、酒、酢、蜜、菓子が取れる。また、この樹からはあらゆる種類の編み物を作る。かじ屋は実の種を木炭代わりに利用し、また、実を水に浸して牛や羊に食べさせるとよく肥える。話によると、ペルシアの歌のなかに、やし樹について三六〇とおりの利用法をかぞえあげている歌がある。[12]［『ギリシア・ローマ世界地誌』飯尾都人訳／龍渓書舎］

ナツメヤシの美しさも認識されていた。この植物は初期の庭園や景観デザインにおいて構造と日陰を与える貴重な要素で、名高い（そしておそらく伝説にすぎない）バビロンの空中庭園で使われたといわれている。シュメール人、アッシリア人、バビロニア人、エジプト人がナツメヤシを重んじ高く評価したことは、現存する文書、挿絵、土器、彫刻から明らかである。[13] 中東とアフリカのさまざまな古代の装飾的な芸術作品（多くが今では西洋の大きな博物館や美術館に収蔵され分析されている）にナツメヤシが描写されており、古典建築に抽象化された形で表現されることもあった。

うろこ模様と帯状に3列並んだヤシの木がある花瓶型土器。ペルシア湾地域（イラン南部）から出土、紀元前3000～2500年頃。

◉神秘的なものを象徴するヤシ

ナツメヤシは中東の古代文明にとって経済的社会的に非常に重要だったため、とくに繁殖力と豊かな実りを表す、さまざまな神聖で象徴的な意味をもつようになった。たとえば、肥沃な三日月地帯のメソポタミアに住むセム人にとって、それは多産のしるしであり、戦争と性愛の女神でデーツの房の女神と呼ばれることもある豊穣のシンボルのイシュタルをはじめとして、数多くの神と結びつけられた。メソポタミアのミュリッタ、フェニキアのアスタルトといった女神は、雌のナツメヤシで表された。[14] アラビア人にとって象徴的で神聖な木であるナツメヤシは、キリスト教における生命の木やエデンの園の木に匹敵する。アッシリアの王族と神々を描いたアラバスターの浮彫にも、聖なる神の木が描かれており、様式化され抽象化されたデザインは、きっともともとはナツメヤシとその果樹園を表していたのだろう。[15]

古代ギリシアでは、ヤシの葉は翼をもつ女神Νικη（ニケ）――ギリシア語で「勝利」を意味する――がもつシンボルとして使われた。コインやモザイク画にヤシの葉を肩にかついだこの女神が描かれており、勝利したスポーツ選手にヤシの葉が授与され、軍事的勝利の行進でも掲げられた。ニケは古代ローマ人に取り入れられ手を加えられてローマの女神ウィクトリアになり、この女神も勝利のシンボルとして長いヤシの葉をもった姿で描かれることが多い。ニケ（英語ではNike、つまりナイキ）という名前は、数千年を経て、スポーツウェアとシューズを扱う多国籍企業のブランド名になった。

メソポタミアで出土した新アッシリア帝国の浮彫パネルに描かれた有翼精霊と聖木、紀元前883～859年頃。様式化された抽象的な木のデザインは、おそらくナツメヤシと灌漑されたその果樹園を表している。

ナツメヤシは、キリスト教、イスラム教、ユダヤ教といった主要な宗教の歴史において早くから大きな意味をもつようになった。[16] ユダヤ教では、ヤシは正しさ、栄誉、気品、優雅さといった美徳を表し、平和と豊かさ、そしてエルサレムのシンボルであり、重要な宗教的祝祭で人々がヤシの葉を手にした。聖書にはヤシへの言及が30以上あり、たとえばソロモンの神殿の装飾にヤシが使われ、エルサレムに入るキリストを歓迎するのにヤシの枝が使われ、エリコは「なつめやしの茂る町」（申命記34章3節）と表現された。「歌の中の歌」ともいわれる旧約聖書の「雅歌」では、人間の愛と欲望をたたえる詩の中で隠喩としてヤシが使われており、「あなたの立ち姿はなつめやし、乳房はその実の房。なつめやしの木に登り　甘い実の房をつかんでみたい」（雅歌7章8～9節）と書かれている。

イスラム教では、ムハンマドが自らヤシの木を創造し、それに地から生えよと命じたとか、エデンの園の知恵の木だったなど、多くの教義にヤシが組み入れられている。コーランにはナツメヤシへの言及が26あり、そのうち16は神からの賜物だとしてヤシをたたえ、預言者ムハンマドのハディース——言葉と伝承——では300回も言及されている。[17] 13世紀のあるイスラム教徒の歴史家が、それ以前の文書を用いて、ナツメヤシを人間と比較している。

まっすぐにそびえ立つ姿の美しさ、雄と雌というふたつのはっきりと異なる性に分かれていること、一種の性交によって繁殖するという独特の性質をもつという点で、ナツメヤシは驚くほど人間に似ている。頭を切り落とされれば死んでしまう。花は精液に似た変わったにおいがする。[18]

人気のある『千夜一夜物語』やさらに古い書物をもとに分析している19世紀の西洋の記述も、イスラム教にとってのナツメヤシの重要性とそれが受けた高い評価に言及している。

デーツが一番にふさわしい。預言者の好きな果物は生のデーツとスイカ。彼は両方一緒に食べた。そしていった。「父方の叔母、ナツメヤシをたたえよ。彼女はアダムが作られた土から生まれたのだから」と。神は特別な贈り物としてこの木をイスラム教徒に与えたといわれる。神は世界のすべてのナツメヤシを彼らのものとし、それゆえ彼らはこの木があるすべての国を征服した。[19]

何世紀にもわたって、ヤシの伝説や物語とそのさまざまな意味の借用、コピー、流用、取り込みが行われてきた。たとえば、ギリシア神話で語られる女神レトがアポロンとアルテミスの双子神を産んだときのヤシの木の役割は、マリアとイエスについてのキリスト教とイスラム教の両方の記述に見られる。[20] 細かい部分が異なるが、ギリシアの物語では、ゼウスによって身ごもったレトが、怒ったゼウスの妻ヘラから嫌がらせを受けて逃げる。多くの不幸なことがあったのち、レトはデロス島に隠れ、小川のそばのヤシの木の下で産むことにする。アルテミスは安産で生まれるが、アポロンのお産は長く苦しく、レトがヤシの木に寄りかかるか取りすがり、ヤシから食物を与えられて助け

テラコッタの油入れに描かれた竪琴をもつ
アポロンとヤシの木。紀元前460～450年頃。

られ、ようやくアポロンが生まれる。「古いヤシの木が、そのみすぼらしい小さな葉でレトの産婆の役をした」[21]のである。その後、レトと双子はヤシの木を神聖なものとみなした。

本物ではないとして正当な新約聖書から除外された福音書である『偽マタイの福音書』は、レトのギリシア神話を取り入れている。この物語では、マリアとヨセフは赤子のイエスを連れて砂漠を渡りエジプトへ避難する。旅の途中でマリアはヤシの木の下で休むが、マリアもヨセフものどの渇きをいやし空腹をしずめることができない。すると、次のようなことが起こる。

母の胸で休んでいた幼子イエスが、うれしそうな表情をして、ヤシに「木よ、なんじの枝を曲げて、そなたの実で私の母を元気づけなさい」といった。この言葉を受けてすぐにヤシは曲がり、祝福されしマリアのちょうど足のところまで先端部分を下ろした。すると彼らはそれから実を採り、それでみな元気になった。彼らが実を全部集めたあとも、ヤシは曲がったままで、曲がるよう命じた人から戻るよう命じられるのを待っていた。するとイエスはそれにいった。「体を起こしなさい、ヤシの木よ。そして強くなり、父なる神の楽園にいる私の木々の仲間になりなさい。そして私たちが満たされるように、なんじの根から地中に隠れている水脈を開き、水を流させなさい」と。するとすぐにヤシの木は起き上がり、根のところにとても清く冷たいきらめく泉ができ始めた。[22]

翌日、イエスはヤシの木にこういう。

この特権をなんじに与えよう。ヤシの木よ、なんじの枝のひとつが、天使によって運び去られ、父なる神の楽園に植えられる。そしてこの神の恵みをなんじに授けよう。あらゆる競争の勝者はみないわれるだろう。あなたは勝利のヤシを手に入れたと。[23]

キリスト教徒が古代ギリシアから物語を借用して脚色したのと同じように、初期のイスラム教徒もキリスト教の物語を模倣した。コーランのある章に、マリアがイエスを産むところが次のように書かれている。


……こうして彼女《あれ》は身籠って、その子を腹に、人目をさけて引籠った。

さてそのうち、突然起った陣痛のあまりの苦しさに、彼女は棗椰子《なつめやし》の幹によりかかり、「あこんなことになる前に死んでいればよかったに。無に帰して、忘れ去られていた方がよかったに」と叫ぶ。

すると下から声がして、「そう悲しまないで。神様が貴女《あなた》の足もとに小川を作っておいて下さいました。それから、その椰子の木を貴女の方に揺すぶってごらんなさい。みずみずしい採《と》りごろの（実《み》）がばらばらと落ちて来ます。さ、食べて飲んで、御機嫌を直して下さい……」と言う。（コーラン第19章22～26節）[『コーラン』井筒俊彦訳／岩波書店]

まねをするということはもっとも偽りのないほめ言葉と同じかもしれないし、オリジナルの物語

エジプトへの避難の途中に起こったヤシの木の奇跡。スペインで製作、1490 ～ 1510年頃。1919 ～ 1938年にアメリカの新聞王ウィリアム・ランドルフ・ハーストがこの木製の彫刻作品を所有していた。カリフォルニア州にあるハースト個人のヤシで飾られた桃源郷、サン・シメオンで保管されていたこともある。

古代エジプト文明の遺物の間に茂るヤシ：メンフィスのヤシ林の中のラムセス2世の巨像。

半分埋まったエスナの神殿のパルメット柱頭の眺め。エジプト、1900年代頃、映写機用スライドからの画像。

を流用し取り入れたことには、経済と社会にとってのナツメヤシの重要性と象徴的意味、そして新興の信仰と宗教を既存のものと同等かそれ以上にまで引き上げたいという願望が現れている。実際、ヤシの木の奇跡をレトの神話までたどったスレイマン・ムラッドは、この物語はおそらく西アラビアのある地方で生まれたと主張し、そこでは「キリスト教に改宗する前はヤシの木を礼拝していた……レトの神話を脚色してマリアの話にすれば、自分たちの信仰の一部を保ちながら見かけはキリスト教にすることができた[24]」と述べている。

たくさんあるデーツ屋のひとつで売られていたさまざまな種類のデーツ。クウェート市のスーク・アル・ムバラキヤ、クウェート、2011年4月。

◉今日のナツメヤシ

社会と帝国は消え去る。文明は失われる。ナツメヤシを栽培化し、ナツメヤシによってはぐくまれた古代文明の運命も例外ではなかった。もっと最近の西洋社会は、ナツメヤシの原産地とその初期の文明を、相反する感情と好奇心とロマンチックな気持ちをもって見てきた。イギリスの桂冠詩人アルフレッド・テニスン（1809〜1892年）はこうした感情を「あなたは問う、なぜそんなに落ち着かないのかと」という詩に書き、「そして私は死ぬ前に見るだろう／南の国のヤシと神殿を」という言葉で結んでいるが、このくだりはほかのヤシの原産地にも同じように適用できる。[25]

繰り返し破壊と混乱があったにもかかわらず、ナツメヤシは幾世紀にもわたって、大きな文化的象徴的意味をもつ、中東の重要な食用作物であり続けた。世界のデーツの生産量は、1961年から2014年の間に185万トンから4倍以上の760万トンにまで増加した。２０１４年には中東と北アフリカで世界のナツメヤシの圧倒的多数が栽培され、50年前からずっとエジプトが最大の生産国である。[26]

生産量が増加したにもかかわらず、現代のナツメヤシ栽培はいくつもの課題に直面している。虫害、病気、水不足、土壌の劣化により、収量が低下している。伝統的な農法は廃れ、ナツメヤシの葉の中肋を屋根や柵に使うような習慣はなくなった。食習慣にも新たに根本にかかわるかもしれない変化が起こっており、デーツより新しい便利な食品——東南アジア産のパーム油で作られたものの場合もある——を好む人もいる。[27]

栽培化されたナツメヤシの誕生の地である古代メソポタミアを構成した現代の国々にとってもっとも悲劇的なのは、何十年もの戦争、軍事紛争、占領、政治的不安定によってナツメヤシとそれを世話する人々にもたらされた破壊的な結末である。灌漑システムは壊滅し、多くの果樹園が消えるか荒廃し、農民は殺されるか家や仕事から追いやられた。[28] 現在の争いが過去にまで及んでいる。パルミラやバグダッドのような古代の都市で、かつてナツメヤシのおかげで繁栄した失われた都市の考古学的な宝が略奪され破壊されてきたのだ。

第4章 西洋人による発見

西ローマ帝国の崩壊に続いて大きな混乱が起こったが、ギリシア・ローマ時代のヤシに関するものがすべて失われたわけではない。一例をあげれば、ローマ人は「パーム（palm）」という言葉をヨーロッパに残した。ラテン語のパルマ（*palma*）はもともとは手のひらを意味し、「ヤシの木」という意味で使われるようになったのは、この木の先端の葉が茂っている部分が指を広げた手の形に似ているからである。この言葉は早い時期にヨーロッパ北部へ伝わり、古サクソン語と古高地ドイツ語の palma、古ノルド語の palmr になった。[1]

ナツメヤシ（*Phoenix dactylifera*）とその果実を意味する「デーツ（date）」の語源研究により、この言葉が複雑な経路をたどって移動し、時とともに綴りと発音が変化したことがわかっている。この言葉の起源はおそらくアラビア語、つまりナツメヤシが栽培されていた地域で話されていたセム語族の言語にあるのだろう。古代ギリシア語に取り入れられたとき、ナツメヤシの実の形が指に似ているうえに、もともとの言葉が指を意味する古代ギリシア語のダクチュロス（δάκτυλος）に似

勝者の冠をかぶりヤシの枝をもってチャリオットを駆る、成功をおさめた人物を描いたローマの素焼きの円形浮彫。2世紀～3世紀初めにフランスのローヌ川流域で作られたもの。

ていたため、「民間語源的変化」が起こった。その後、この言葉はラテン語（またしてもローマ人！）に取り入れられ、そこからフランス語の方言に入ったのち海峡を飛び越えて、14世紀初めにはイングランドで使われた。[2]

たとえばコインなど、この植物の絵が入ったギリシア・ローマ文明の遺物や工芸品もあり、とくに地中海の北側に接する国々では、ヤシに関連した建築、浮彫、彫像、フレスコ画の断片が出土している。古代のヤシの自生地について知られていることの多くは、現存するギリシア・ローマの古典文学から得られたものである。

ヨーロッパ大陸南部を旅した人々は、実物のヤシも見ただろう。ヨーロッパ原産のヤシは2種しかなく、どちらも地中海沿岸部で見られる。チャボトウジュロ（*Chamaerops humilis*）は地中海西部の海岸周辺にかたまっているのに対し、クレタナツメヤシ（*Phoenix theophrasti*）は東の少数の場所

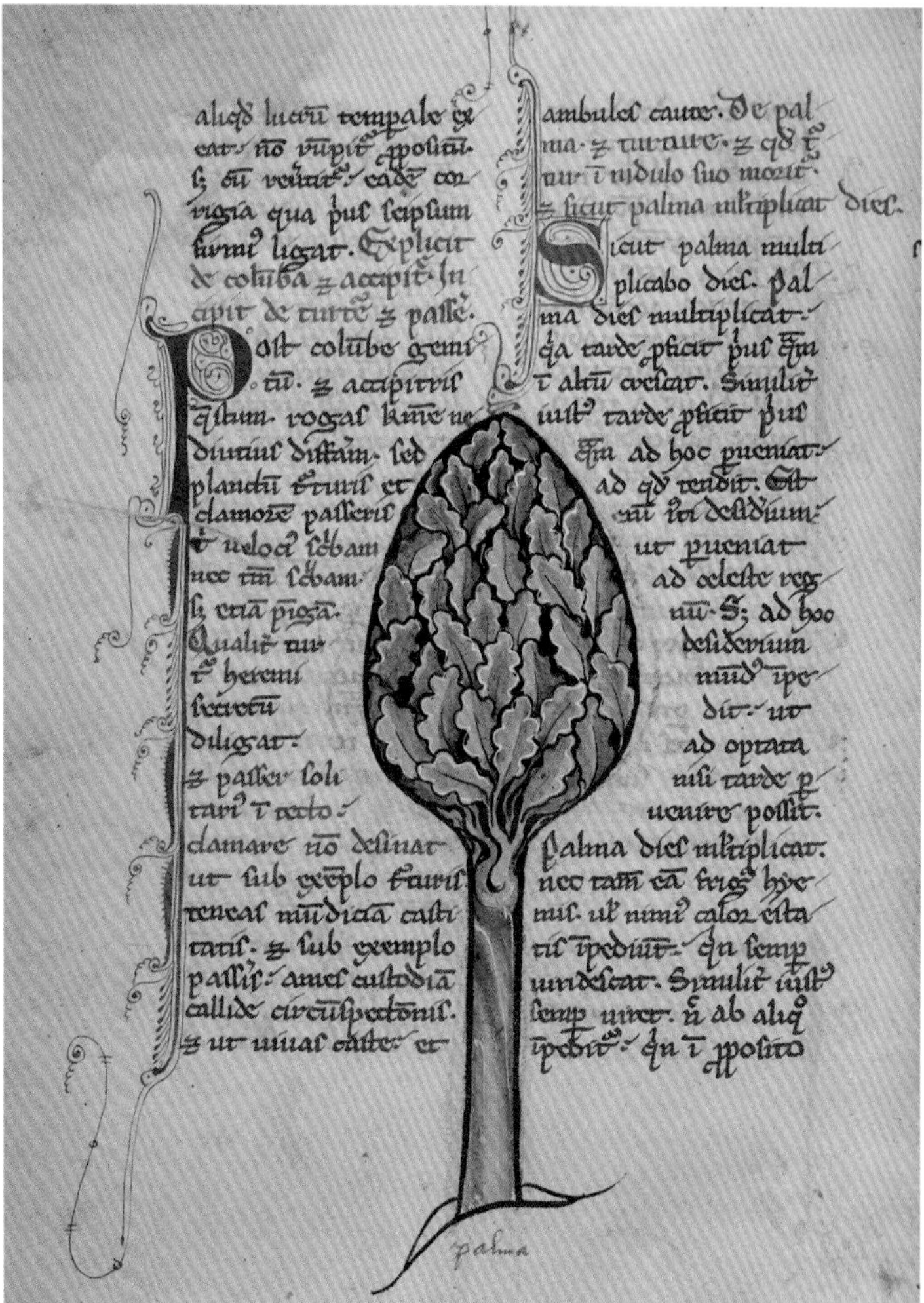

初期の北ヨーロッパ人が思い描いたヤシの木。1270年頃のフランドル地域の羊皮紙。

に限られ、もっとも顕著なのがクレタ島のヴァイである。経済的文化的重要性がもっと大きなナツメヤシは、何世紀も前からヨーロッパ南部で栽培されていたし、8世紀にイスラム教徒がイベリア半島を占領してからは、スペイン南部のエルチェで北アフリカ伝統のパルメラール、つまり灌漑されたヤシ園で栽培されていた。

　ヤシという言葉のほかには、中世のヨーロッパ北部に住む大半の人々はヤシについて断片的な知識しかもっていなかった。本物のヤシやそれを視覚的に表現したものを見たことのある人はほとんどいなかったのだ。それでも、中世ヨーロッパは時間と距離によってヤシについての知識が完全に遮断されていたわけではない。抽象的で断片的なことが多いものの、キリスト教がこの植物の知識をヨーロッパに広める原動力になったのである。

　キリスト教の力が増すにつれ、ヤシへのさまざまな言及がある宗教的な文書が生まれた。[3] たとえば古英語の最初期の使用例が、『ヴェスパシアン詩編』や『リンディスファーンの福音書』など、8世紀の宗教的な彩飾写本に見られる。アングロサクソン時代のイングランドでは、教会の儀式でヤシが重要な位置を占め、それは天国で普通に見られるということが「地上のヤシに神々しさを与え……そうでないときも神の力を伝える経路として働く」とされていたうえ、十字架がヤシから作られたと主張する伝承があったからである。[4] それでも、ヨーロッパ北部では、キリスト教の典礼にかかわる人々は本物のヤシの姿については無知で、聖書を読んだり説教を聞いたりした人々は、なぜ詩編92編によると神に従う人はナツメヤシのように茂るのか、なぜヨハネによる福音書に書かれているようにイエスのエルサレム入城を祝う人々がヤシの枝を手にしていたのか、疑問に思ったか

天地創造の場面。ナツメヤシの木がアダムと生まれたばかりのイブを守っている。アダムの肋骨から作られたイブが、父なる神によって引き上げられ、祝福されている。フランドルの細密画家サイモン・ベニングが1525～30年頃に羊皮紙に描いたもの。

バルトロメオ・モンターニャ、《パドヴァの聖ジュスティーナ》、1490年代、板に油彩。ジュスティーナは初期キリスト教の殉教者で（ただし、ここでは15世紀のドレスを着た姿で描かれている）、ヤシの枝と彼女の胸を刺す剣が殉教のシンボル。

もしれない。

とくに地中海に近い教会では、ヤシのモチーフが室内装飾に使われることがあった。イタリアのラヴェンナにあるサンタポリナーレ・ヌオヴォ聖堂にある西暦576年のモザイク画には、東方の三博士に導かれた聖女の殉教者たちの行列の背後に一列のナツメヤシが描かれている。シチリア島のパレルモの礼拝堂にある1150年頃のモザイク画には、エルサレムに入るキリストの背後にやはりナツメヤシが描かれている。まれではあるが、ヨーロッパ北部の教会でヤシのモチーフを建築に使う初期の試みもあり、フランスのロワール川流域にある806年頃に完成したジェルミニー・デ・プレの礼拝堂は、パルメット［葉が扇状に広がった植物文様］と、エルサレムのソロモン神殿にあったと旧約聖書に書かれている浮彫を模したヤシの化粧しっくい細工で飾られた。[5] 宗教画に使われるヤシの木は、しだいに抽象化されて様式化され、うろこにおおわれた幹の先端部に噴出するように羽状の葉が群生しているものとして描かれた。

キリスト教はもうひとつヤシのモチーフ――葉または枝――を古代ギリシア・ローマ時代から拝借し、外見はそのままだが意味を変えた。古代ギリシア・ローマでは、ヤシの枝は勝利のシンボルだった（そしてのちには平和のシンボルでもあった）。だが、キリスト教徒にとっては、シュロの主日［復活祭直前の日曜日。キリストが受難の前にエルサレムに入ったとき、群衆がシュロの枝を振って歓迎したことにちなむ］と殉教、そして肉体と苦しみに対する魂と信仰の勝利を連想させるものになった。「殉教者のヤシ」が中世の宗教的な文書、挿絵、彫刻に入り込み、それは抽象化された開いていないヤシの葉か枝のように見えた。

文書は旅行を促すことになった。ヨーロッパの範囲を越えて旅をするキリスト教徒の巡礼者は、早くも4世紀には聖地へ行って、自分の目でヤシを見てその産物を消費していた。帰国する巡礼者はたいてい杖のてっぺんにヤシの枝を結びつけて、巡礼の貴重な思い出と証拠として家に持ち帰るという伝統が確立された。彼らはパーマーと呼ばれるようになり、1300年にはこの言葉は使われていた。3世紀のちにシェイクスピアが、ロミオとジュリエットの最初の口づけの前置きとして、ふたりがパームがもつ意味をわざとごっちゃにして話す様子を書いている。

ロミオ
もしもこの　いやしいわが手が　あなたの手にふれ、
聖堂を　汚せば罰は　もとより覚悟。
この唇　はにかむ巡礼が　やさしい口づけで
手荒な手の　あとぬぐうべく　ひかえております。

ジュリエット
巡礼様　その手にあまり　ひどすぎるお仕打ち、
このように　礼儀正しい　信心ぶりですのに。
聖者の手は　巡礼の手が　ふれるためのもの、
指ふれるは　巡礼の優美な　口づけと申します。

「ヤシの街エルチェ —— スペインにおけるムーア人の最後の拠点」、J. プランチャル・イ・シアによる写真、1867年4月8日。

〔『ロミオとジュリエット』小田島雄志訳／白水社〕
〔最後の行の原文はpalm to palm is holy palmers' kiss〕

スペイン南部にあるエルチェのヤシ園の場合は、キリスト教徒による再征服のあと、1492年には、シュロの主日の装飾と行進に使うために注意深く栽培された「ホワイト・パーム」〔ヤシの葉をしばって内部を暗くし、新しく出る葉を白くしたもの〕がこの都市から輸出されていた。[6] この伝統は現在まで続いており、エルチェのヤシ園は今ではユネスコの世界遺産に登録されている。

ヴェネツィア、ジェノヴァ、そのほかのヨーロッパの交易都市の商人は、東方へ旅し、遠く離れたヤシの生える土地へ入り込んで、別の種のヤシに出会った。早くも8世紀には、大陸内および大陸間での交易の結果、意図したわけではないが、最初のココナツが南西インドからヨーロッパへもたらされ、驚きと感嘆をもって迎えられた。オランダとドイツでは、当時もっとも遠く離れた異国からやってきた熱帯のヤシの殻を、神聖な目的と世俗的な目的の両方で珍重される美しく装飾されたカップにする伝統が生まれた。[7]

その後、とくに大陸北部では、ヨーロッパ人のヤシとの接触は、とぎれとぎれの断片的なものでしかなかった。しかし、近世ヨーロッパが出現した15世紀頃から、自生地でのヤシ、この植物の多様性、その利用法についてのヨーロッパ人の理解がしだいに深まっていった。

●探検家と旅行者

15世紀、ポルトガルのキリスト教徒の探検家たちにより、長いヨーロッパ人の世界探検の時代が始まった。この「発見の時代」――ヨーロッパ中心の世界観をうまくとらえた言葉だ――に、探検家たちが先頭に立ってヨーロッパ人を大勢、熱帯や亜熱帯の土地へ連れて行った。アフリカ、インド諸島、東南アジア、アメリカ大陸のヤシの原産地だ。そこへ行くと、軍人、布教者、貿易業者、商人たちはみな観察し、目にしたものを記録した。彼らの中には19世紀の自然科学者の前身である自然哲学者もいて、新たな植物種の発見と分類と命名に重要な役割を果たした。

金属活字での印刷――近世を決定づけるもうひとつの特徴――が、西洋におけるヤシの知識の普及に革命を起こした。旅行者の報告が本の形で複製され、しだいに広がる熱心な読者の手に届くようになったのだ。探検家や旅行者の著作で明かされるにつれ、海の向こうで見つかる自然や社会に

ダッチマン・ハン・ファン・アムステルダムが製作した蓋つきのココナツのカップ、1533～4年。このような容器から飲むと毒入りワインの効き目が消えると信じられていた。しかし、基部のふちにあるラテン語の銘文は「度を越えて飲むワインは、死をもたらすドクニンジンと同じくらい有害である」と警告している。

アフリカのゴールド・コースト（ガーナ）に生えるヤシの木と果樹を描いたオランダの初期の挿絵、1602年。文章は植物の栽培と果実の利用について説明している。男性がヤシ酒を作っている。

ヨーロッパ人は大いに驚いた。[8] 次々と登場する紀行文が啓蒙時代の急増する知識に加わり、上流社会は夢中になった。

ヨーロッパ人は航海者、探検家、発見者というだけでなく、輸出者でもあった。人間、キリスト教、病気、先住民との交易に使う品物、そして最初にヨーロッパからアメリカ大陸への旅をしたスペイン人の場合はナツメヤシさえ輸出した。デーツはスペイン本土かカナリア諸島（大西洋を渡る長い航海に出るときの拠点）からカリブ海の島々にもたらされ、その後、南北アメリカ本土には1492年にヨーロッパ人が初めて訪れたすぐあとに到達した。[9] 湿度が高すぎるカリブ海では収穫する前に実が腐ってしまうことが多かったが、16世紀後半に比較的乾燥したチリやペルーの沿岸地方、そして18世紀の初めにカリフォルニア半島のうちメキシコのバハカリフォルニアとそのすぐ北の地域に移されると、もっとうまくいった。これらの木立ちのいくつかは生き残って熟したデーツを生産し続けている。アメリカ大陸の西海岸へのデーツの到来は、たいてい布教本部の建設と、場合によっては特定の聖職者の活動と関係がある。ウガルテ神父はバハカリフォルニアのヤシ園の開発に大きな影響を及ぼし、セラ神父は1769年にサンディエゴにカリフォルニアで最初のヤシの木を植えたことで知られている（1本は1957年まで生き残っていた）。[10]

しかし、ナツメヤシをヨーロッパから別の場所へ運んだのは例外的なことだ。ヤシの国へ行ったヨーロッパの旅行者が、特定の種のヤシと地元民によるその使い方について報告し始めた。西洋の植物収集家たちは熱心に新種のヤシを探しまわり、自然哲学界に名前と分類を提案した。ヨーロッパの探検家は、ヤシを原産地からほかの熱帯や亜熱帯地域へも運び、ヨーロッパへ持ち帰った。こうしてヤシの大移動が始まった。このようなことが重なって、この植物は経済的に、そして何かを象徴するものとして、現代のあらゆる社会に入り込むことになる。

◉ココナツ

今では熱帯のいたるところに生育している、代表的なヤシであるココヤシ（*Cocos nucifera*）は、

セントルシアの海岸に生えるココヤシ。

人間が引き起こしたヤシの移動のもっとも顕著な例である。熱帯の海を縁取る海岸でよく生育し、ヨーロッパ人がとりわけその有用性を称賛するこのヤシは、1750年代に学名をつけられた。

およそ500年前に、熱帯の原産地におけるココナッツに関するヨーロッパの最初期の報告がいくつか登場し、その名前がどのようにしてつけられたか詳しく書かれている。世界についてのヨーロッパ中心の見方を物語るものだが、今日、支配的で繰り返しいわれている見解は、この言葉はポルトガル語かスペイン語に由来するというものである。もっともよく引用される証拠がフェルナンデス・デ・オビエド（1478〜1557年）によるもので、彼は1526年にスペインで出版した著書に、ココヤシとその利用法についてのヨーロッパ人による初期の記述のひとつを書いている。新世界のスペイン領について書いた本だが、アジアの東インド諸島で得た情報もあり、オビエドはこの果実がココナッツと呼ばれるのは、「果実を木からもぎ取ると、幹についていたところに小さなくぼみがあり、その上にもともとふたつの別のくぼみがある。果実は機嫌を取っているか気を引いているサルのように見える」[11]からだと説明している。スペイン語のココ(coco)は「顔」あるいは「しかめっ面」で、コカル(cocar)には「変な顔をする」、「顔をしかめる」、「気を引く」といった意味がある。

しかし、1年か2年前の報告に、「ココナッツ」は西太平洋のいくつかの島の住人が使っていた言葉をヨーロッパ人が言い換えたものだという意味のことが書かれている。アントニオ・ピガフェッタ(1491～1531年頃)は北イタリアのヴィチェンツァ出身の探検家で学者、1519～1522年にフェルディナンド・マゼランの史上初の世界一周の航海に参加した。1521年3月にイタリアでピガフェッタは、現在マリアナ諸島とフィリピン諸島と呼ばれているところの住人が現在私たちがココナッツと呼んでいるものについて話すのにコチやコチョという言葉を使うと書いている。そしてこれらの言葉は現地の人々が使う言語をイタリア語化したものだと推測している。ピガフェッタはこの植物と果実についての詳細をうまく記述しており、現在でも妥当性がある。たとえば彼は次のように書いている。

この椰子の木は実を結び、それがココである。ココの実はだいたい人間の頭ぐらいの大きさだ。いちばん外側の殻は緑色で二ディト［約三・六センチ］である。この外殻の内側は繊維になっていて、住民たちはこの繊維で舟をつなぐ綱を編む。この外殻の下には第二の殻があり、これは固く、そして胡桃《くるみ》の殻よりもずっと厚い。かれらはこの第二の殻を焼いて、その灰を利用する。

この第二の殻の下に果肉があるが、果肉は白く、一ディット［約一・八センチ］ほどの厚さであり、われわれがパンを食べるように、かれらはこの果肉をなまのままで肉や魚といっしょに食べる。その味は扁桃《マンドーラ》［アーモンド］に似ている。これを乾燥してパンをつくることもできるだろう。この果肉の内側に透明で甘く、気分をさわやかにする液体がはいっている。[12]［『マゼラン最初の世界一周航海』長南実訳／岩波書店］

「ココナツ」という言葉の言語学的起源の真実はわからないままかもしれない。さらに、ココヤシはどこで生まれたか、いつどのようにして熱帯のいたるところにある特有の植物になったのかについて、活発な議論が続いている。19世紀の西洋で広く受け入れられていた考え方は、海岸にそって生えているこの植物は「打ち寄せる波に向かってかがみ、大波に果実を落としたいのだ。風と海流によって海を運ばれるココナッツは、発芽力を失うことなく漂う……ココヤシは領土を熱帯全域に広げた[13]」というものだ。しかし、ココナッツは海水中で無期限に生きられるわけではなく、１００日余りが限界だ。

ふたつの遺伝的にはっきり異なるココヤシの個体群がインド南西部の海岸と東南アジアの島々に自生していて、このふたつの地域で栽培化された可能性が高い。インド個体群のココナッツは比較的卵形の尖った形をしているのに対し、太平洋産のものはもっと丸い。これらのココナッツがその後、自然の力ではなく人間によって熱帯のほかの地域へ広められた。誰がいつ運んだのか、そしてとくにどうやってココナッツがアメリカの太平洋岸に到達したのかについては、さまざまな説明がなされている。西洋人による発見の時代よりずっと前に起きたことだろうというのがひとつの見解である。[14]この分析では、2000年以上前に、フィリピンの人々が東南アジアのココナツをアメリカの太平洋岸へ運んだと考えている。これに対し別の立場の人は、そんなことは起こらず、スペイン人がこの植物の果実をフィリピンから太平洋を渡って東へ運ぶまで待たねばならなかったと主張している。[15]それが起こったのは1565年、すなわちスペイン人が西から大洋を航海して南アメリカとの最初の交易ルートを確立した年だったのかもしれない。

現在得られている科学的証拠から、ココナツにはインドの系統と太平洋の系統があることが明らかになっているが、丸い種類のココナツは古代オーストロネシア人の交易ルートにそって東南アジアからマダガスカル、そして東アフリカ本土の海岸へ運ばれたことも示されている。のちに、おそらく1500年前頃、インド洋沿岸周辺で交易をしていたアラビア商人が、インドの細長い種類を東アフリカの海岸へ運び、そこでふたつの種類が雑種を作った。ただし、ココナツがアフリカ本土の大西洋沿岸、アメリカ両大陸とカリブ海の島々で広がり始めたのは1499年よりあとだということで意見が一致している。この年、インド探検の航海から戻るポルトガル人が、インドのココナツをアフリカ西海岸の沖合にあるカーボベルデ諸島にもたらし、それが数十年かけて大西洋周辺の熱帯の海岸に広められたのだ。

ヨーロッパ人の間で「ココ」が特定のヤシの種の名前として普及し受け入れられるまでには時間がかかった。「ヴェネツィアの商人」M・チェーザレ・フェデリチ（1530頃～1600／1603年）が1563年にインドへ旅をしている。インド亜大陸の西海岸にあったポルトガル領

パームコーブの海岸でしだいにしぼんでいくココナツの核果、オーストラリア、クイーンズランド州、2017年。

ジャン・バルボーの西アフリカの人々を描いた注釈付きイラストのひとつ。アブラヤシ（O）やココヤシ（Q）など、植物と動物も描かれている。

のチャウルという要塞化された港湾都市（長く放棄され現在では廃墟になっている）を訪れたフェデリチは、ココナツとココヤシの木の用途の多様さに驚き、それぞれ「ジアグラの実」、「パルメルの木」と呼び、次のように記録している。

> 全世界でこの木ほど有益でよい木はなく、人々がこれほど多くの恩恵を受ける木はほかにないし、そのどの部分も何かの役に立ち、焼却すべきものは何もない。[16]

フェデリチは、木材は船（「ほかの木を混ぜることなく」）、建物、家具を建造するのに、葉は帆や敷物を作るのに、樹皮は太綱や縄に（「麻繊維で作ったものよりよい」）、繊維質の殻は船の穴をふさぐためのオーカムを作るのに、堅い殻はスプーンや「そのほかの食器」

に、この殻の中身は油を搾り、酒、砂糖、強いリキュールを作るのに使われると書いている。[17]

17世紀の間に「ココ」という言葉はヨーロッパで広く受け入れられた。西アフリカの奴隷貿易で代理業者として働くフランス人のジャン・バルボー（1655～1712年）が、「ココ」が現地で広く利用されている様子を生き生きと書いている。彼は2度、ギニア・コースト［シエラレオネ～ギニア沿岸部］へ航海しており、1度目は1670年代後半、次は1680年代の初めだった。バルボーは、西アフリカ人や動植物を描いた彼の注釈入りの絵が豊富に挿入された報告書で、アフリカ人がココヤシから「食べ物、飲み物、衣服、家、燃料、船の索具」[18]を得ている様子を伝えている。また、ココナツミルクに食材や医薬としての価値があると考え、「このミルクを鳥の肉や米、そのほかの食材とともに煮ると、おいしいスープになり、非常に栄養があると考えられ、しばしば病人に与えられる」[19]と書いている。

現地の人々の知識をもっと広くほかのやり方で用いることができるかもしれないと思ったバルボーは、「航海中に病人を助けるために」[20]ココナツを奴隷を連れて大西洋を渡る船に積み込んでおくべきだと考えた。しかし、熱帯の国々以外や西洋でヤシとヤシ製品に商業的産業的価値があるという認識が強くなるのは、ヨーロッパで産業革命が始まってからである。

フェデリチとバルボーのココヤシの有用性に対する称賛は、その後の数世紀にわたって西洋人により繰り返されることになる。20世紀によく暗唱された詩の文句に、ココヤシには「服、食べ物、皿、飲み物、缶／ボート、帆、オール、マスト、針を――すべてがひとつに入っている」[21]というものがある。1920年代のセイロン（現在のスリランカ）の場合、ココヤシは「とても大切な国の木、

切断したココナツのイラスト、ヘルマン・アドルフ・ケーラーの『薬用植物』（1887年）第3巻より。

クックの太平洋への最後の航海（1776～80年）に地誌画家として同行したジョン・ウェッバーによって描かれた、ハワイの浜でのキャプテン・クックの死。危険に満ちていたが、ヨーロッパ人による熱帯の国々の探検の結果、ヤシについての西洋の知識と理解は大きく向上した。

国民の友、国民みんなでその恩恵を分かち合う……それについてこれほど多くのことがいわれる大地の贈り物は少ない。その用途は無限で、シンハラ人の村人全員に十分な量がある」[22]。

今日、ココヤシの実用面での重要性は、その自生地をはるか離れたところにまで及んでいる。それは世界の10大重要作物のひとつで、多くの地域社会を維持するうえで非常に重要な価値をもっている。ココヤシ属（*Cocos*）の植物は、宗教的象徴体系から西洋のエキゾチックな快楽をほのめかすものまで、もっと広い文化的意味ももっている。

◉ヤシ酒

初めてヤシに出会ったときから、ヨー

ロッパ人はこの植物から作られるアルコールに魅了された。3世紀の時と数千キロの距離で隔てられているにもかかわらず、同じような製造法とヨーロッパ人の熱帯に関する高い評価がうかがわれるふたつの例がある。

イタリアの探検家で奴隷商人のアルヴィーゼ・ダ・カダモスト（1432頃〜1488年）は、ポルトガルのエンリケ航海王子から資金提供を受けて、1455年と1456年の2度、西アフリカへの旅を実施した。このときの報告に、西アフリカとヤシ酒の楽しみについてのごく初期のヨーロッパ人の記述を見ることができる。

黒人の飲み物は水、乳、ヤシ酒で、彼らはこの酒をミゴールあるいはミグウォルと呼ぶ。酒はこの国に非常にたくさんあるヤシ類の木から採られ、木はいくらかナツメヤシの木に似ているが同じではなく、一年中酒が得られる。根の近くに2〜3ヶ所刻み目をつけて樹液を採取し、傷口から流れ出る褐色の汁はスキムミルクのように薄く、酒を受け止めるために置いたヒョウタンにたまる。ゆっくりとしか落ちてこないので、朝から夜までためても1本の木でヒョウタン2個しかいっぱいにならない。ヤシ酒は非常にうまい飲み物で、水と混ぜなければワインのように酔っぱらう。木から集めた直後はワインのように甘いが、おいておくとしだいに甘味は消えて、長くおくと酸っぱくなる。保存しておくと浄化され、あまり甘くないので、すぐより3〜4日たって飲んだ方がよい。私はこれを頻繁に飲んだ。じつはこの国にいるときは毎日飲み、イタリアのワインより好きだった。[23]

インドでヤシ酒を集めているところ。1689年に出版された本の挿絵。

1770年9月に、英国軍艦エンデバー号を指揮するジェームズ・クック艦長は、彼の最初の発見の大航海からイギリスへの帰国の旅についた。この航海では、オーストラリア東海岸への、ヨーロッパ人としては記録されているもっとも早い上陸も成し遂げた。船には、公式の植物学者として、傑出した若き博物学者のジョゼフ・バンクス（1743〜1820年）がいた。バンクスは、ヤシとヤシ酒に関してさまざまな観察をしている。西太平洋を航海しているとき、乗組員がサウ島で3日過ごしたが、この島についてバンクスは満足げに次のように書いている。

この木［*Borassus flabellifer*］から得られるトディーと呼ばれるヤシ酒のすばらしさは、果実のお粗末さを埋め合わせて余りある。花になるはずの芽が現れたらすぐに切って、その下に同じ木の葉で作った小さなかごをくくりつけ、中に汁が滴るようにして、人がそのためにわざわざ毎日朝と夕方に木に登って集めなければならない。この島のすべての人の一般的な飲み物で、非常にうまい。最初だけちょっと甘すぎたが、我々にとってもうまかった。新鮮な発酵していない樹液に抗壊血病の効果があるのは間違いない。[24]

◉ヤシと奴隷

産業革命は、西洋社会のヤシについての考え方と使い方に大きな変化をもたらした。この変化がよくわかる例が、アブラヤシ（*Elaeis guineensis*）というひとつの種と西アフリカというひとつの大陸域に関することである。[25]

アブラヤシは熱帯アフリカの多湿な地域に自生していた。世界のほかのところでは見られなかったが、はるかに少ないもののアメリカにいとこがいた。人間がアブラヤシを中央アフリカの広大な土地に広げたおもな仲介者と考えられ、広まったのにはきっと、アラビアの奴隷貿易と、このヤシが役に立つため人がわざわざ種子を植えて一本一本世話するようになったことが関係しているのだろう。[26] ヨーロッパ人が初めてアブラヤシに出会ったのは、15世紀中頃以降にポルトガル人の探検家がサハラ砂漠の南に位置するアフリカ大陸の大西洋に面した海岸線を発見したときである。1460年に現在のシエラレオネ、10年後にゴールド・コースト（ガーナ）、1482年にコンゴに到達した航海者たちが、アブラヤシと、料理、酒、油、屋根材、交易などアフリカ人によるその利用について、ヨーロッパ人が書いたものとしては最初の言及をしている。[27]

最初にやってきたヨーロッパ人はポルトガル人で、まず西アフリカとの貿易の独占権を確保した。しかしその後200年の間に、ほかのヨーロッパの大国が競ってアフリカの先住民と貿易をし、影響力を及ぼし、最終的には支配するようになった。1530年代にはフランス人がポルトガル人の独占に異議を申し立てていた。その後、イギリス人とオランダ人、そして次の世紀にはスカンジナビア人などもやってきた。

西アフリカは広大な大陸域である。西はセネガルの大西洋岸からナイジェリアの一番東の国境までの距離は、ロサンゼルスとニューヨーク市の間の距離に相当する。面積はヨーロッパ連合の面積を上回る。この自生地の中でも、アブラヤシは雨林とサバンナの間の区域の温暖多雨な低地でよく生育する。西アフリカの広さを考えれば驚くにはあたらないが、この植物自体の特性、アブラヤシの栽培と収穫、この植物とそれから生産されたものの利用、アフリカ人と西洋人の間の相互関係にはかなりの多様性が見られた。

もちろん、西アフリカ人は大昔からアブラヤシの実を収穫しパーム油を搾って利用していた。訪れたヨーロッパ人が、この先住民の伝統的な利用の様子を記録している。17世紀の終わり頃に奴隷貿易に携わっていたジャン・バルボーは、パーム油について次のように説明している。

さまざまな点で住人にとって非常に有用で、肉や魚などの味付けに使われるほか、ランプで燃やして夜の明かりにしたり、リューマチの痛み、腹の張り、四肢の冷え、そのほかの病気によく効く軟膏として、温めて塗ったりする。黒人はたいていほとんど毎日体に塗り、すると肌が柔らかくなり滑らかでほとんど輝くようになって、雨や悪天候にいっそう耐えられるようになる。[28]

パーム油は、中果皮、つまり種子をおおっている多肉質の部分から得られる。カロテン濃度が高いため、この油は明るい赤みを帯びた色をしている。ハンス・スローン（1660〜1753年）は、そのコレクションが大英博物館設立のきっかけになったことで有名な植物収集家だが、1725年にこの果実を「サフラン色で、スミレのような香りがする」[29]と表現している。しかし、この油は時間がたつにつれ白く、濃く、いやな匂いがするようになることがある。温帯の気候では

奴隷制度とその廃止についての西洋の論文 —— および関連する絵 —— には、しばしば熱帯のヤシも登場した。W. ピヨットが制作した版画、《奴隷制度廃止の善意ある結果、黒人に教える画家》、1792年、網目紙にメゾチント法（銅版画）。

室温で固体なので、現代の多くの加工食品で貴重な安定化成分となっており、ケーキやビスケットでパーム油が使われている。

油の抽出にはさまざまな方法が用いられた。一般的なのが、実を「湯に放り込み、次に木製の臼でつぶし、再び湯の中に投入し、この状態で手で絞り、油が水面に浮かんだらすくいとる」[30]やり方である。

最初はヨーロッパの西アフリカとの貿易は、塩や布などの製品を金、象牙（「ゾウの歯」）、コショウと物々交換するものだった。その後、三角貿易が始まると、ヨーロッパの奴隷商人は大西洋を渡る奴隷船に積み込むためにパーム油をしだいに多く購入するようになった。

大西洋を渡るとパーム油は、売る前に奴隷の見た目をよくするために使われた。グリフィス・ヒューズ（1707～1758年）は18世紀中頃のバルバドスについて書き、次のように述べている。

今やアフリカのあらゆる地域からこの島や近隣の島々へ連れてこられた奴隷はみな、市場に連れていかれる前にかならず、その目的でギニアから運ばれたパーム油を全身に塗られる。こうすると、彼らの肌は滑らかで輝いて見える。[31]

この油の一部はヨーロッパへも運ばれた。『デイリー・ユニバーサル・レジスター』（数年後に『ザ・タイムズ』と名称変更した）は、この新聞が創刊された6ヶ月後の1785年6月21日に、イギリスとその拡大する帝国の金融センターにあるエクスチェンジ・アレイのギャラウェイズ・コー

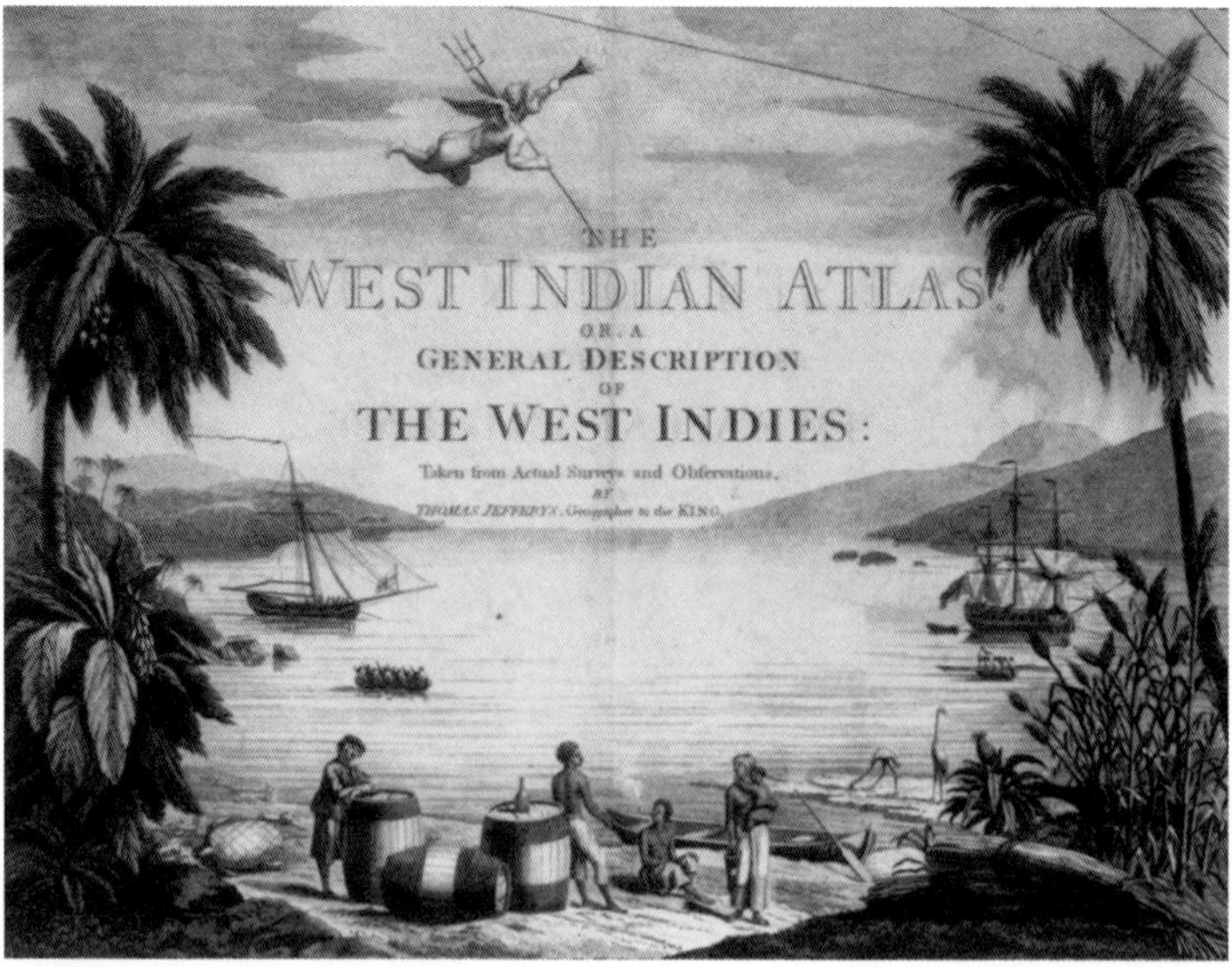

1775年に『西インド諸島地図帳』が出版された頃には、カリブ海の先住民とヤシは、流入する人間とライバルの植物に取って代わられていた。

ヒー・ハウスでの「セール・バイ・キャンドル」（競売）の告知を掲載した。売りに出されたさまざまな商品のなかに、カロライナとジョージアのインディゴ40樽、ピメント20樽のほかに、パーム油が1樽あった。この樽は、アフリカからアメリカ大陸へ運ばれ、おそらくそこで余ったものがイギリスへ送られたのだろう。

西アフリカからアメリカ大陸へ送られたのは奴隷とパーム油だけではなく、アブラヤシ自体も送られた。17世紀後半にジャマイカを訪れたハンス・スローンは、このカリブ海の島に生えていた1本を調査し、それに基づいてアブラヤシとその用途を詳しく報告している。スローンの記述によれば、「この木はほかの木と一緒にギニアから桶に入れて途中水をやりながら運ばれ、それからコルベック大佐により彼の農園に植えられ、そこは現在はバーナード氏の所有になっている」[32]という。アブラヤシはすでにアフリカを出て移動し始めており、最終的には熱帯のほかの地域の植物相と動物相に重大な影響を及ぼすことになる。

1800年には、ロンドンのソーホーで作られていたパーム油石鹸は、貴族と紳士階級が使用する「今や最高に完成された新発見」であり「日に焼けた肌を柔軟にし引き締めることで最高の評価を得た……そして冬に継続して使えば冷たい風や凍りつくような空気に対するすばらしい保護効果が認められる」[33]とたたえられた。裕福な白人のなかには富を奴隷制から得ている人もいたのは明らかだが、彼らは知らず知らずのうちに、カリブ海の島々で奴隷にされている人々も含めアフリカ人がパーム油を使うやり方をまね、自分たちに合わせて変えていたのである。

第5章　帝国と有用性

1851年5月1日、ヴィクトリア女王は、万国産業製作品大博覧会の開会式に臨むため、バッキンガム宮殿の住まいから馬車で近くのハイドパークへ行った。もうひとつの宮殿、見事な水晶宮で開催された大博覧会は、その名称にある「万国」という言葉の趣旨が何であろうと、イギリスの世界的な工業および商業の優位性を証明する働きをした。女王は、会場に到着したときの様子を次のように日記に記録している。

翼廊の鉄の門を通してヤシと花が揺れているのが見え、トランペットのファンファーレとともに私たちが建物に入ると、ギャラリーや周囲の席を埋めている無数の人々から決して忘れられないような興奮が巻き起こり、私はいたく感動した。[1]

建物の中央部で行われた開会式では、背後に珍しい植物が並んでいた。異国のヤシの木が多数、女王とお供の高官たちのすぐ後ろに配置され、さらに後ろに1本の背の高いニレの木があった。これはこの公園に生えているニレの木で、今では水晶宮の鉄とガラスの構造に囲い込まれている。展

ヘンリー・コートニー・セルース、《1851年5月1日のヴィクトリア女王による大博覧会の開会式》、油彩。王室の一行とすぐ後ろのヤシの木 ――「植物のプリンス」―― がこの儀式を威厳のあるものにしている。

示は自然に対する人間社会の勝利と、ヴィクトリア時代の人々の絶対的な自信を示していた。

水晶宮を特徴づけているもののひとつが、その中にある何本かのヤシの木だった。さらに重要なのは、19世紀中頃に国の経済と社会においてヤシが重要な位置を占めていたことである。ヤシはデザインのモチーフとして博覧会に出品された布、絨毯、装飾に使われていた。そのひとつである銀めっきのテーブル用装飾品が、世界における自国の位置についてのイギリスの認識を物語っている。

ブリタニアに冠を載せるアジア。台座はインド建築で、傾いた数本のヤシがあり、南京条約、そしてカルカッタとカブールと広東の風景の浅浮彫りがある。アフガニスタン人と中国人の捕虜たちの像と、

ソフィー・ムーディのロマンチックに表現されたイラストのひとつ。

ひとりのイギリスのインド人傭兵の像。全体が横たわったゾウに支えられている。[2]

この使用法は今では廃れているが、「パーム」という言葉自体、勝利とか成功、賞、つまり首位の者や勝者に与える賞を意味するようになっていた。博覧会は文字通り「パーム・オブ・オナー」、「パーム・オブ・グレース・アンド・エレガンス」、さらには「パーム・オブ・アグリネス（醜さ）」といった賞であふれていた。

ヤシは、一連の考え方、可能性、約束を暗示するものでもあった。この植物はさまざまな形で、産業化と都市化に汚されていない遠く離れた土地の自然な生活、古代文明、神秘的な東方、そしておそらくもっとも重要な聖地と結びつけられた。当時、ウォレスやジーマンのような植物学者による一般向けのヤシの本のほかに、ヤシについての科学的知識を公然とキリスト教の枠組みの中に置く宗教的な出版物もあった。大博覧会の翌年、ロンドンに本部を置く宗教小冊子協会は『ヤ

シ類とその仲間 *The Palm Tribes and Their Varieties*』を出版し、ヤシ類を用いて「神の慈悲と御業」が「生活に絶対必要なものをすべて」[3]与えてくださると結論づけている。ソフィー・ムーディは『ヤシの木 *The Palm Tree*』（１８６４年）に、聖書に基づくこの植物の文化史を書いている。著者は次のように望んで序文を結んでいる。

神の御恵みがこの小さな作品に注がれ、地上のヤシの好ましい記憶から読者が生命の樹のことを思いますように。征服者やキリストと同じように、真珠の門を通るすべての人を、永遠の楽園で勝利のヤシが待っています。[4]

大博覧会に関する文献にも、世界中のヤシの利用法についてたたえる歌のような記述がある。

野蛮人にとってさえ、高くそびえるヤシの堂々とした幹は神殿の簡素だが厳かな柱になり、扇のような葉の天蓋を支えて先祖の休む場所に影を投げかける。[5]

ヤシは植物界の「あらゆる貴族のなかでもっとも役に立ち」、「植物に考えられるほとんどすべての目的」に使われると表現された。博覧会にはさまざまなやり方で使われるヤシが展示され、装飾用の木材、飾り戸棚、「さまざまな形の家具、索具、武器、杖、そして衣類に織り込んだものさえあり」、扇やパンカ（大きな扇風機を意味するヒンディー語）、かごや箱、造花、太綱や縄、紙や厚

ココヤシのイラスト、バートホルト・ジーマンの『ヤシとその仲間の話 *Popular History of the Palms and Their Allies*』（1856年）より。

植民地のココナツのプランテーション、熱帯のどこか。

紙、詰め物、おもちゃ、彫刻した装飾品、杖や傘の柄、コイア（「麻繊維と同じくらいの強度をもち、索具、マット、絨毯、ほうきを作るのに広く使われる」[6]）などがあった。

ナツメヤシは「エジプトの庶民にすばらしい食べ物」をもたらすだけでなく、索具、木材、ラクダの餌、燃料、そして入浴のときに肌をきれいにするのに使われる「しっかりした髪の毛のような繊維」の原料でもある。[7]

博覧会の頃には、西洋ではココヤシから作った製品が多く使われていた。ココナツオイルは多くのろうそく――家庭の明かりとして欠かせないものだった――の重要な材料だったし、ココナツの殻から得られる繊維質のコイアを使って作られる品物の種類はどんどん増えていった。大手の革新的な「ココナツ繊維製造業者」であるトマス・トレロアーは、1852年に自己宣伝が強いがすばらしい一冊、『ヤシのプリンス *The Prince of Palms*』を書き、その中でココヤシを「神の御旨によって熱帯気候の住人に惜しみなく注がれる多くの恵みのなかでも最高のもののひとつだ[8]」とたたえた。

トレロアーは、ヨーロッパ人にとって、ココナツのコイアが馬の毛や綿のような材料よりすぐれている点も指摘した。安く、耐久性があり、用途が広く、西洋の工場（自分の工場がロンドンにあった）で機械を使ってじつにさまざまな製品に加工できたのである。カーペット、ブラシ、ほうき、キジの飼育場の網、教会のひざぶとん、索具、ひも、そして馬の飼い葉袋さえ作られた。イギリスへどんどん輸入されるようになると、ココナツは遊園地のゲームの道具や賞品として［ボールを投げてココナツの実を落とすゲームがある］、そして見慣れたものだがそれでもまだいくらか異国風の日用品として、大衆文化においても重要なものになった[9]。

◉資本主義の潤滑油

1851年には、ギニアアブラヤシ（*Elaeis guineensis*）から抽出されたパーム油が、西洋が輸入するもっとも重要なヤシ製品になっていた。西アフリカ人によって生産されたパーム油が、資本主義の発展の潤滑油となった――場合によっては文字通り機械の潤滑油になった。工場の機械や、人々が陸や海を行き来するための蒸気機関など、油を注さなければならない機械がかつてないほどたくさんあった。ろうそくに使われて西洋の室内を明るくし、錫メッキをしてブリキ板を作るときに使

アブラヤシの実、ナイジェリア、アビア州、2017年。

われたし、化粧品、食品、薬に使うグリセリンを抽出することができた。パーム油はいたるところにあって多目的に使われる万能選手になった。

パーム油石鹸は大博覧会にも出品された。ヴィクトリア時代の人々は石鹸を誇りに思っていた——それは「応用化学の歴史においてとりわけ重要なページ」を占めただけでなく、消費が急増したことで、それを生産するための新しい材料の発見と世界中に広がる新たな形の通商貿易にもつながった。西アフリカのパーム油と同じように石鹸は「富をもたらすだけでなく、文明のしるしになった」[10]といわれた。

ギニアアブラヤシから抽出された油の貿易は、西アフリカにじつに大きな影響を及ぼした。パーム油はこの地域のもっとも重要な輸出品になった。当時のイギリスの立場は、この「正当な貿易」が始まったおかげで、違法な奴隷制度を終わらせ大西洋を横断する貿易をやめさせることができるというものだった。1850年代には、「パーム油の貿易の発展が、アフリカの西海岸における不正な奴隷貿易の廃止に大きく貢献した」[11]という考えが一般に受け入れられていた。

奴隷制度とパーム油の関係は複雑で、実際には因果関係があってパーム油の輸出が奴隷制度に取って代わったわけではない。ある人物が、1823年に「オールド・カラバル［現在のナイジェリア南東部にある］の人々は、かなり前から奴隷だけでなく農産物も商っていて、毎年、700～800トンのパーム油を輸出していた」[12]と報告している。また、1807年にイギリスがその帝国における奴隷制を違法と宣言したあとも、パーム油の輸出が急速に増加する一方で、西アフリカの一部では奴隷輸出が増加し続けた。

19世紀の『ケーラーの薬用植物』に掲載されたアブラヤシの図版。

イギリスが奴隷制度を廃止すると、それまで奴隷制を機能させていた装置――イギリスの奴隷商人と船、母港、西アフリカにおける取引関係――が、パーム油ビジネスの装置として役に立った。イングランドの港湾都市リヴァプールは、その富は一部は奴隷制の上に築かれたのだが、イギリスと西アフリカをつなぐパーム油の鎖のもっとも重要な環になった。工業化したイギリスの中心にあるイングランド北西部は、西アフリカとの貿易に使われる布や塩などの品物を供給するとともに、石鹸やろうそくの生産からブリキ板作りまで、発展しつつある産業で輸入されたパーム油の多くを消費した。

帝国の事業には、支配下に置いた人々と場所についてのさまざまな考え方がかかわっていた。西アフリカについて西洋の評論家はしばしば、この地域のパーム油産業を「原始的」だといってこき下ろし、1920年代中頃にあるイギリスの経済歴史学者が次のように主張している。

> ジャングルに住む先住民は非常に遅れていた。彼らは森の中の小さな村で暮らし、近隣の者と絶えず戦争をしていて、そのため経済発展は不可能だった……あらゆるエネルギーと企業心は、最高の地位にあるまじない師と秘密結社のテロリズムによって奪われた。[13]

著者は続けて「厳密にいえば、西アフリカにはパーム油栽培はない……産業は1世紀以上前のものにとどまっている――たんに森が生産するものを集めて使えるようにするだけだ[14]」と述べている。実際ははるかに複雑で、世話していない野生の植物から得られる油から、自然だが手入れされた

1844年のフランスの絵に描かれた、白人に監督される西アフリカ人によるパーム油の生産。この場面はおそらく海岸の都市フイーダ（現在のベナンのウィダー）の近くで見られたものだろう。この職人の手作業による生産方法は今日でもまだ用いられている。

ヤシの林、輸出を目的に植えられたプランテーションまで、さまざまな生産システムがあった。じつは、帝国主義者の考え方がどうであろうと、西アフリカの生産者たちは急増する西洋の需要に応えてパーム油（そしてのちにはパームカーネル）の供給を驚くほど増加させた。[15] 19世紀には、西アフリカのパーム油の西洋諸国への輸出は大きく増加した。もっとも重要な市場であるイギリスの輸入量は、１８０７年の１１０トンから、ピーク時の１８９５年には6万４２００トンにまで増えていた。[16]

この大規模な輸出ビジネスはどのような構造になっていたのだろう。19世紀の大半の期間、支配的だった「合法的な取引」は、陸地にいるアフリカ人の生産者および仲介業者と、海岸にいるヨーロッパ人の貿易業者に分かれていた。この植民地化以前の時代には、アフ

現在のガーナから輸出するためにパーム油の入った樽を道にそって転がして海岸へ運んでいる珍しい写真。

リカ人が自分たちの土地を支配していた。内陸でヤシの実を収穫し、油を搾り、布、塩、たばこ、アルコール、銃などのヨーロッパの商品と物々交換したのち、油はカヌー、あるいは頭に載せて、そしてしばしば自由民の労働ではなく奴隷を使って海岸へ運ばれた。仲介業者と貿易業者は、内陸のアフリカ人と、海岸にいるヨーロッパ人の船や会社との間の橋渡しとして欠かせなかった。両者の間の長い話し合いは、「言葉」を意味するポルトガル語にルーツがある「パラヴァー」という語で呼ばれるようになった［英語のpalaver（長時間の討論、とくにアフリカ先住民との時間のかかる交渉）はポルトガル語のpalavra（単語、話）に由来する］。

パーム油ビジネスは多くの点で他と

カラバルのクロス川のほとりにあるパーム油の集積地。パーム油の入った木製の樽が、カヌーで海岸へ運ばれるのを待っている。1930～40年頃。

異なっていた。相互の義務と信用がからみあった複雑な関係、「コミー」と呼ばれる、貿易業者が仲介業者に支払う税金のシステム、ジンや鉄棒やタカラガイの貝殻などさまざまな品物を使う地域貿易通貨の発達、途方もない労力と財の投入、そして奴隷制の土台になっていたやり方が、パーム油貿易に適用された。油を海岸へ輸送するには驚くほどの器用さと体力が必要だった。ポーターたちは陸路を歩いて長旅をし、ときには重さ27キロの油を頭に載せて運ぶこともあった。場所によっては樽を転がすのが特殊技能になった。カヌーでの輸送は比較的速くずっと安かった。とりわけ裕福な仲介業者は、それぞれ２４００ガロン（約10立方メートル）の油を運べる、40人ものこぎ手によって進むカヌーの大船団を使っていた。

貿易には、油を輸送するカヌーを４００艘

も所有するオールド・カラバルのエヨ王のようなアフリカ人仲介業者など、独特の個性的な人物もいた。[17] ヨーロッパの貿易船の船長は多くがリヴァプール出身で、「粗野で無学な男」[18]のことが多かった。この「パーム油の無頼漢」から、パーム油貿易の仕事をすることの緊張と不確かさを探る白人労働者階級の文学というジャンルさえ生まれた。[19]

貿易が始まったばかりの頃から、パーム油をヨーロッパや北アメリカへ運ぶのは困難な仕事だった。パーム油を運ぶ商船は、嵐に破壊されることもあれば、戦時に敵国海軍の活動に巻き込まれることもあった。たとえば1798年3月下旬にリヴァプールを母港とするトーニン号がプリマスに入港したが、トーニン号に最初から乗っていた乗組員でまだ乗船していたのはひとりしかいなかった。[20] そのときの航海では、アフリカからサンタクルス（おそらくテネリフェ島の港）へ317人の奴隷を運び、西アフリカのオールド・カラバルへ戻って「パーム油と象牙」を積み、それからイギリスへ向かったがフランスの軍艦に拿捕され、1週間後に奪還されたのだ。

30年後、ボーフォート・キャッスル号は1828年2月17日にリヴァプールの母港を出て、ニジェール・デルタのボニーへ向かって航海していた。パーム油の仲買い、取引、積み込みには数ヶ月かかることもあり、パーム油と象牙の積み荷を運ぶボーフォート・キャッスル号の帰りの航海は8月22日に始まった。船は10月8日に大西洋の真ん中で難破し、28人いた乗組員のうち、4日間大海を漂流したのちに生き残っていたのは8人だけだった。[21]

19世紀中頃から、技術的商業的発展により西アフリカのパーム油ビジネスが変化した。蒸気船が導入されたことで、パーム油輸送の困難さが軽減され、定期の専用汽船航路が開かれた。しかし、新たな技術が新しい特殊な油をもたらすことになる。貿易のグローバル化がますます進み、新たに世界のほかの地域から油脂が供給されるようになり、新たな港や1869年に開通したスエズ運河のような革新的な設備を利用して、より大きく速い蒸気船によってヨーロッパと北アメリカに運ばれた。その一方で、暖房と照明のための重要な燃料として石油が登場し、すぐに世界でもっとも重要な油商品として定着した。新しいもっと働き者の鉱油［石油を分留して得られる油］があったし、長いことパーム油のライバルだった（動物の脂肪を溶かし精製して作った）タローの重要な供給国としてオーストラリアが登場した。また、水素添加の処理をすることで、安価な油が石鹸の製造に使えるようになった。塩化亜鉛が錫メッキの融剤としてパーム油に代わって使われるようになった。西洋の経済におけるパーム油の地位は低下し、それは深刻で西アフリカのパーム油の輸出に壊滅的な結果をもたらすかに見えた。

こうした苦境は、1850年代に商業的価値のある油がパームカーネル［アブラヤシの種子の胚乳部分］から抽出できることが発見され、ある程度緩和された。それ以前は、カーネルは食べることができ、ナッツはビーズとして利用されることもあったが、たいていは捨てられて山積みにされ、よくても床材や舗装材料として使われるくらいだった。カーネルからの油の抽出（油は無色透明でココナツオイルに似ている）は労働集約的で、450グラムのカーネルを生産するのに400個のナッツを割る——普通は女性と子どもの仕事——必要があった。[22]

ヨーロッパに未加工のパームカーネルの市場が出現した。1850年にシエラレオネから最初のカーネルのかご——合計4096かご——が輸出された。5年後にはその数は15万5000かごに

パームカーネルから油を抽出しているイボ人の母と娘、ナイジェリア北部、1937年。

まで増えた。西アフリカは新たな市場に素早く反応し、当時のヨーロッパのある批評家が、「だったら、先住民は強制されたときだけ働くと誰がいえるだろう」[23]と述べている。パームカーネルはそのままの形で輸出され、ヨーロッパ——ドイツが圧倒的な主要輸入国だった——と北アメリカで機械で圧搾して油の抽出が行われた。

ヨーロッパ諸国が西アフリカの内陸をもっと露骨に支配するようになるのは、19世紀後半になってからだった。1880年代から、ヨーロッパの国々は争って西アフリカの支配権を握ろうとし、正体を現した植民地主義が合法的な貿易に取って代わった。ヨーロッパの国々は領土支配権をさらに内陸に広げ、西アフリカの広大な土地を分割して植民地にし、それぞれ支配下に置いた。[24]イギリスの植民地主義が作り出したナイジェリアは、世界でもっとも重要なパーム油供給国になった。

◉石鹸とマーガリン

19世紀末から石鹸が近代化され再発明されて、おそらく最初の近代的な西洋の消費財になった。新しい製造工程により、原材料を精製、処理、調合して同一の棒状石鹸を大量に生産することが可能になった。熱帯のパーム油がこれまでとは違う驚異の石鹸の主成分になった。パーム核油（パームカーネルの油）が西アフリカから、そして成熟したココナツの果肉から抽出されるコプラ油がオランダ領東インドや太平洋の島々などほかの熱帯の国々から調達された。

たんに石鹸が販売されていただけではなかった。それは、包装され商標がつけられ宣伝されて市場に出される、好みをもち選択をする消費者の役割をしだいに受け入れるようになってきた個人や家族に販売される製品だった。このビジネス環境は、発明と実験、競合と競争、乗っ取りと合併、膨大な投資と大胆な（そしてときには失敗することもある）賭けのくりひろげられる、容赦のない世界だった。しかし、成功したときには、石鹸会社は巨額の利益をあげた。

ごく初期のとりわけ成功したふたつの驚異の石鹸（ほかにもたくさんあった）が、イギリスのリーバ・ブラザーズ社が1884年に初めて生産した洗濯石鹸のサンライトと、アメリカのB・J・ジョンソン社が1898年に開発した化粧石鹸のパーモリーブだった。このふたつの石鹸を生産した会社はどちらも、その後、勢力範囲と成功の点で世界的な会社になった。イギリス（そしてオランダ）の会社はユニリーバ、アメリカの会社は今日のコルゲート・パーモリーブ社である。

グローバルな工程、国際企業、新しい消費財の世界の背後に、個人の資本家と起業家がいた。たとえばウィリアム・ヘスケス・リーバ（1851〜1925年）は、リーバ・ブラザーズ社をイギリスの一流企業へ発展させた人物だ。1880年代中頃にリーバとその弟は石鹸作りを始め、イングランド北西部のウォリントンで小さな石鹸工場を賃借りした。1885年に実験により、パームカーネルまたはコプラ油41・9パーセント、タロー24・8パーセント、綿実油23・8パーセントとして、樹脂で安定させるという、新しい「純粋」石鹸の理想的な処方を突き止めた。[25]

4年後にはリーバの事業は、イングランド北西部のマージー川河口のほとりの湿地にあるポート・サンライトに建てられた新工場へ移っていた。必要なものを完備し石鹸のために建てられたこの工場はやがて世界最大の石鹸工場になり、中に労働者とその家族のために注意深く計画された他に類を見ないモデル村もあった。リーバは自分の利益とイギリスの労働者階級の利益には共通する部分がたくさんあると主張した。[26] だが、パーム油とサンライト石鹸から生まれる利益の取り分をどうするか会社の労働者に任せたわけではない。

何本かのウィスキー、何袋かの菓子、あるいはクリスマスの太ったガチョウの形で飲み込んでしまったら、それはあまりあなたのためにならないだろう。それに対し、金を私に預けてくれたら、私はそれを使って生活を楽しくするあらゆるもの——素敵な家、居心地のよい家庭、健康的な娯楽——を提供しよう。[27]

一部の評論家は、ポート・サンライトのモデル村を先見の明のあるすばらしい成果として称賛した。別の意見をもつ人は、それは圧制的で息が詰まり、よくて家父長的、悪くすれば専制的で、数十年前にエンゲルスが嘆いた「家父長的奴隷状態」の洗練された形だと考えた。[28]

パーム油とカーネルの貿易は、「3つのC」と呼ばれるようになったもの、つまりcommerce（商業）、Christianity（キリスト教）、civilization（文明）を通して西アフリカを変えるもっと壮大なイギリスの企てとも結びついた。イギリス人は、そのような貿易によって西アフリカ人が「商取引を奨励しイギリスの商品を買うことに熱心な模範的なヴィクトリアン[29]」になると思っていた。しかし、明らかに不合理なことがあった。西アフリカのパーム油はヨーロッパでの石鹸製造に不可欠な材料で、できた石鹸は世界中に輸出され、それには西アフリカも含まれていた。そして、当時の広告の

広告が伝えるものとは違って、サンライトのような新しい石鹸は熱帯のパーム油に依存していた。リーバ・ブラザーズ社の広告、1890年代頃。

絵を見るとよくわかるように、石鹸のブランド戦略は、白さと清潔さを盲目的に崇拝してアフリカの歴史と文化をけなし、西洋の価値観とやり方を正当化していたのだ。[30]

熱帯のパーム油の安定供給を望むリーバは、1909年に誘致されてベルギー領コンゴにアブラヤシのプランテーションを設立した。以前はコンゴ自由国と呼ばれていたこの地域は自由でも国でもなく、ベルギーの王、レオポルド2世（1835～1909年）の私領地だった。人々も土地もすさまじいやり方で搾取され、強制労働、殺人、手首切断、性的暴行が弾圧の手段として用いられていた。[31] 王は1908年にこの領地の支配を断念し、領地とその負債をベルギー国へ移譲した。

リーバは見込みがあると思った。自然の林が開発されて、ポート・サンライトをモデルにしたアブラヤシのプランテーションが5つの区域に設けられた。[32] それぞれ中心に新しい町があり、ひとつはリーバ自身にちなんで名前がつけられ（リーヴァーヴィル）、そのほかは新しいベルギー王室のメンバーにちなんでつけられた。イギリスの白人労働者階級に対するリーバの態度は、容易にコンゴ人に対するものに変えることができた。1912年にできたばかりのプランテーションを訪れた彼は、日記に次のように書いている。

じつはその先住民に必要なものはほとんどなく、必需品といえば少しの塩と少しの布くらいだ……12ヶ月前に彼とその身内は貧しく少ししかいなくて、「アブラヤシ」の実を運びたがった……実を売ってから12ヶ月もたっていない今、彼は金持ちで怠けている……この地域ではヤシの木が先住民の銀行口座だ……彼の口座は使いたいときにいつでも使える。[33]

リーバ・ブラザーズ社とベルギー政府は、このプランテーション開発が当事者全員の最高の利益になると主張し、「先住民の肉体の健康と文化の発展を擁護するだけでなく、この協定［契約］は彼らの経済的利益にも配慮したものだ[34]」と述べている。会社はその後、コンゴ人の模範的な雇用者という評判を得て、1950年代に会社公認の歴史家が、コンゴの冒険的事業は「1939年まで株主にほとんど利益をもたらしていなかったが、教育と医療支援という形でコンゴに多くのものをもたらした[35]」と書いている。リーバ自身は21世紀初頭になっても「アフリカのグッド・マン」といわれ続けた。[36]

リーバのコンゴへの介入は永続的な植民地搾取の一環だったとする、逆の見解もある。公式には1960年に終わったとされる植民地時代の間、パーム油とパームカーネルは、リーバ・ブラザーズ社とその後継の会社によって、抑圧と強制労働のシステムを用いて抽出され、プランテーションの労働者は何ヶ月も家族から引き離された。働くのを拒んだ者はしばしば投獄され、いったんそこに入れば、少なくとも1959年まではチコット――重い皮の鞭――を使って監督され罰せられた。[37]

パーム核油は安定していてよく品質が保たれ、「貧者」のバターであるマーガリンの理想的な主原料（もともとはタローだった）としてもしだいに多く使われるようになった。リーバ・ブラザーズ社がマーガリンを作り始めたのは第一次世界大戦中だが、オランダのマーガリン・ユニ社など、ほかにずっと大きなマーガリン製造業者がいた。パーム油の調達と輸入を協力して行うのが経営的に賢明だということに気づいたイギリスの石鹸メーカーとオランダのマーガリン・メーカーは、1929年に合併してユニリーバとなった。

このイギリスとオランダに拠点を置く会社は、最初の近代的多国籍企業といってよいだろう。1933年にそのイギリス本部が、シティ・オブ・ロンドン中心部のテムズ川のほとりに開設された。ユニリーバ・ハウスは開設されてから80年たっているが、外観はそれほど大きく変わっておらず、新たな現代企業と来るべき石鹸とマーガリンと関連産業の時代の到来を建物の形で表現している。外部の装飾として2本の人目を引く街灯柱があり、それ自体、彫刻家のウォルター・ギルバート（1871～1946年）による浅浮彫りのヤシの木のモチーフで飾られていて、建物の入り口の両側に立っている。様式化された場面が、当時、「芸術家が想像した、ユニリーバ・ハウスから運営された事業の原料の物語」[38]といわれたものを伝えている。この自然と神話の世界の英雄的な人間の物語は、帝国主義、植民地主義、資本主義の産業プロセスとはかけ離れたものだ。ライオンの皮をまとってヤシの木を運んでいるヘラクレスのような人物が、2匹のヘビと向き合っている。ほかの場面では、裸の人物が自然の賜物を収穫し、ヤシに登り、カヌーを棹で操ってヤシの実を運び、食材をかまどで焼いている。これらの彫刻には、自然と一体になった高貴な野蛮人という西洋の固定観念が表れている。だが、ベルギー領コンゴにあるこの会社のアブラヤシのプランテーションで労働者たちが経験したことはまったく違っていた。

●挑戦者の出現

20世紀に入って20年もたつと、西アフリカのパーム油の優位が熱帯のほかの地域によって脅かさ

ライオンの皮をまとってヤシの木を運ぶヘラクレスのようなアフリカ人が2匹のヘビに立ち向かっている。テムズ川北岸にあるユニリーバ・ハウスの入り口に立つ1930年代初めの街灯柱の細部。

れる最初の兆しが見えてきた。

オランダの帝国主義の結果として、1848年にアブラヤシが初めて東南アジアにもたらされた。西アフリカの4本のヤシが、オランダ帝国の中心であるアムステルダムの植物園から、ジャワ島のバイテンゾルフ（現在のボゴール）の植物園へ送られたのである。植民地の最初のヒル・ステーション［酷暑から逃れるための夏季駐在地］であるバイテンゾルフは、オランダ領東インドの総督の夏の住まいで、1817年に住居の敷地の拡張部分に植物園が作られた。

敷地の拡張と整備の一環としてアブラヤシが導入され、ほかの種のヤシとともに純粋に観賞植物として用いられた。これらのヤシがやってきた6年後、庭園は「あらゆる庭園のなかでもパラダイス」だといわれ、半世紀後には「世界一すばらしい[39]」といわれた。そこには建築的な美しさをもつヤシを使って独特の景観を生み出

バイテンゾルフ植物園のヤシ類、ジャワ、1860年代か70年代頃。

した初期の例がある。そして植物園のおかげで、バイテンゾルフは余暇と楽しみと保養のための何もかも忘れられる天国になった。

アブラヤシが増えると、一部はオランダ領東インドのほかの地域で美しい景観を作るために使われた。以前にコンゴで働いていたことのあるベルギーの農学者アドリアン・ハレット（1867頃～1923年）は、20世紀の初めに、バイテンゾルフのヤシの子孫はコンゴのアブラヤシより成長が速くよく実をつけると述べている。先駆者たちが東南アジアのアブラヤシ産業を発展させ始めた。栽植のペース――多くは特別に設計されたプランテーションに植えられた――は驚異的で、もっとも早くかなりの生産をするようになったスマトラに1919年の時点で6000ヘクタールあったが、10年余りのちにはスマトラとマラヤで合わせて8万ヘクタール以上になっていた。[40]

しかし依然としてナイジェリアが世界のもっとも重要な生産国で、1933年には世界のパーム油とパームカーネルの生産量の43パーセントを占めていた。[41] それでも、東南アジアのプランテーション拡大競争の結果、「西アフリカのもっとも重要な輸出産業が排除される」のではないかと懸念されるようになった。[42] 結局、アジアの挑戦が西アフリカの地位を大きく脅かすようになったのは、1960年代初めになってからである。旧来の植民地支配主義は世界中で衰退しつつあり、独立したばかりのマレーシアはすぐに、昔ながらのスズとゴムの産業から新しい産業規模のプランテーションで収穫されるパーム油への多角化に着手した。これが、21世紀につながるグローバルなパーム油ビジネスへの変容の始まりの一歩になった。

第6章　トラ、プランテーション、即席麺について

熱帯の各地で、驚くべき農業革命が起こっている。雨林と伝統的な農法と先住民の村は、アブラヤシ（*Elaeis guineensis*、厳密にはギニアアブラヤシ）のプランテーションの急速な拡大により、一掃されるか根こそぎ破壊されつつある。ヤシが密集して並ぶこうしたプランテーションは、大規模で過激な農工業型単一栽培の極端な例であり、風景、自然、社会を根本から変えてしまった。この革命は、世界のアブラヤシのプランテーション事業で優位を誇るインドネシアとマレーシアというふたつの隣接する東南アジアの国でとりわけ顕著だが、この30年で、この種の集約的農業は熱帯のほかの多くの国々でも急速に拡大した。今日、アブラヤシのプランテーションで太陽が沈むことはない。

アブラヤシから得られる油は「パーム油」という総称、つまりすべてをひっくるめた言葉を使って言い表されることが多いが、この植物からはふたつの異なる種類の油が生産される。油の約90パーセントはやはり「パーム油」という狭義の名称で呼ばれ、果肉から抽出される。これに対して残りはパーム核油で、カーネル、つまり果実の中の種子から得られる。

農工業型単一栽培：アブラヤシのプランテーション、インドネシア、2015年。

愛され嫌われるこのふたつの油は、今の世界でもっとも重要な植物由来の製品だが、それでも論争の的になっている。目に見えないことが多いが、しだいにどこにでも存在するようになったこの油の生産と利用は、21世紀のグローバル化の広がりと複雑さをよく表している。[1] 自分が何をしているのかほとんど気づいていないのだろうが、西洋に住む大半の人々――そしてしだいに世界のほかの地域に住む人たちも――日常的にこのふたつの油とその派生物を消費している。

◉グローバルな流れ

1960年代中頃には、パーム油の生産はまだアフリカ大陸の中でもアブラヤシが自生し歴史的に重要なパーム油輸出地域である西アフリカに集中していた。ナイジェリアだけで世界の生産量の40パーセント以上を占めていて、1世紀以上前に確立されたパターンは変わらず、ヨーロッパの国々がおもな輸入国で、石鹸のような家庭製品の材料として使うために、国際的に取引されるパーム油の70パーセントを輸入していた。

しかし、ヨーロッパと北アメリカで、パーム油がしだいに新たな用途に使われるようになった。パーム油およびパーム核油とそれらの派生物についての化学的知識が増え、精製し処理し別の物質にする産業が発達すると、油のさまざまな成分を抽出して新たな化合物を作るのがより簡単にできるようになった。

このふたつの油は、戦後の西洋の消費社会の変容に重要な役割を果たした。旧来の消費財のイメージの刷新と、ますます速いスピードでの新製品の開発を促した。とくに、加工され包装された便利な食料品、個人の衛生用品や化粧品、家庭の洗剤や清掃用品といったさまざまな商品の、以前は想像できなかった戦後の爆発的増加と密接な関係がある。ふたつの油とその派生物は、食器を洗う液体洗剤に洗濯用の粉末洗剤、シャンプーに口紅、包装されたパンやクッキーやケーキ、チョコレート、マーガリンにアイスクリーム、さらにはピザ生地まで、さまざまな移り変わりの激しい消費財に使われている。

製造と販売と消費のこうした新しいやり方は、西洋の消費者であるとはどういうことか規定する重要な要素である、スーパーマーケットとコンビニエンスストアが登場したことと関係がある。容易に追跡できる情報源の調査はないが、よく繰り返される主張は、集合的な意味で使われるパーム油は、スーパーマーケットで販売されている包装された製品（別の言い方をすれば「加工食品」）のおよそ半分に入っているというものだ。確かにスーパーマーケットの棚はこの頃ではパーム油を

地元で使用するためにアブラヤシの実を処理しているところ、ナイジェリア、アビア州、2017年。

含む製品でいっぱいだ。

当然だが、ヨーロッパと北アメリカのパーム油の使用はかなり増えた。2014年までの50年で、ヨーロッパの輸入量は16倍の630万トンになり、アメリカの輸入量は47倍の141万トンにまで増加した。[2]近頃では西洋の人々は年に平均10キロのパーム油を消費している。[3]しかし、世界のほかの場所でのパーム油の生産、貿易、使用、消費の劇的な変化の前では、西洋でのこの油の使用増加も見劣りする。世界の生産量は1960年代中頃から50年の間に50倍にもなり、1964年に124万3000トンだったのに対し、2014年には6145万3000トンも生産された。

2014年の世界の植物油生産量の40パーセントをパーム油が占め、さらに大きな意味をもつのは、それが世界的商品になったことである。[4] 増加する世界の供給と需要は相互に強め合う関係にあり、一方が他方をもたらし、逆もまたしかりだ。1964年にはパーム油の50パーセントが国際取引で販売されていた。半世紀後には生産量が50倍に増え、その数値は75パーセントになった。2014年には、国際的に取引される植物油の60パーセント以上をパーム油が占めた。

1960年代中頃にはすでに、東南アジアの比較的新しい生産国であるインドネシアとマレーシアが台頭して、合わせて世界の供給量の4分の1を占めるようになっていた。変化のスピードは非常に速く、10年たたないうちにマレーシアはナイジェリアから世界における支配的な地位を奪った。その後、とくに東南アジアと中南米で、パーム油生産国の数がどんどん増えていった。世界の供給量が急増するにつれ、輸入国の数と国際取引での油の販売量の両方が増えていった。

21世紀の最初の15年に起こった重大な変化が、世界的供給国としてインドネシアが台頭したことである。2014年には、マレーシアが世界のパーム油の32パーセントを生産したのに対し、インドネシアは53パーセントもの量を生産し、国際的に取引される油の半分以上を占めた。

同じ時期にパーム油の貿易に驚くべきことが起こった。熱帯の多くの国（いくつかは生産国でもある）の油の輸入量が増加したのである。2世紀前にパーム油の輸出の歴史が始まったナイジェリアは2014年に93万トンを生産したが、それとは別に55万トンを輸入した。その年、最大の輸入国はインド（国際取引の20パーセントを占める）で、次いでEU（16パーセント）、中国（12パーセント）、あとはパキスタン、バングラデシュ、エジプト、アメリカ、シンガポールが主要な輸入国である。近頃では、多くの新興経済国が、急速に規模を拡大しながら大量にパーム油を輸入して

アビア産のパーム油、ナイジェリア、2017年。

いる。

ふたつのパーム油とその派生物の処理、使用、消費においても、かなりの世界的シフトが起こった。従来、西洋の産業を牽引してきたヨーロッパ北部と北アメリカの国々は、パーム油が採取される場所に近い国々、とくに東南アジアから挑戦を受け追い越されてしまった。原料の供給地に近いところに処理および生産施設があることの物流および経済的メリットのほかに、東南アジアには数を増す人口と富裕層、拡大する生産力、進んだ化学研究能力もある。

東南アジアでは、西洋のメーカーへ販売されるパーム油派生物のほかに、消費者向けの完成品がしだいに多く生産されて西洋へ輸出されている。例として、リーズというイングランドの都市にある近代的なホテルの寝室に置かれている無料の石鹸を見てみよう。そのホテルはアメリカの大きな国際ホテル・チェーンのひとつだ。だが、石鹸は中国で作られたもので、パルミチン酸ナトリウム、パーム核脂肪酸ナトリウ

原書房

〒160-0022 東京都新宿区新宿 1-25-13
TEL 03-3354-0685 FAX 03-3354-0736
振替 00150-6-151594

新刊・近刊・重版案内

2022年7月 表示価格は税別です。

www.harashobo.co.jp

当社最新情報はホームページからもご覧いただけます。
新刊案内をはじめ書評紹介、近刊情報など盛りだくさん。
ご購入もできます。ぜひ、お立ち寄り下さい。

「ファンタジー文学の源流」—— 井辻朱美氏推薦！

大英図書館豪華写本で見る
ヨーロッパ中世の神話伝説の世界
アーサー王からユニコーン、
トリスタンとイゾルデまで

チャントリー・ウェストウェル／伊藤はるみ訳

「ハリー・ポッターと魔法の歴史」展でも話題となった中世の写本を多数収録。壮大な叙事詩から、年代記、英雄とヒロイン、冒険物語、恋愛譚、勇者と悪漢、魔法の世界まで、中世ヨーロッパの40の物語を、大英図書館収蔵品の中でも最も豪華な装飾写本により紹介する。フルカラー図版 250 点。 A5判・4500円（税別） ISBN978-4-562-07189-0

人生を支配する終わりのないゲームにどう立ち向かう

ステータス・ゲームの心理学

なぜ人は他者より優位に立ちたいのか

ウィル・ストー／風早さとみ訳

「人間は、他者より優位に立ってステータスを得ることを競うゲームを行って生きるもの」という避けようのない真実を、実際の事例にもとづき社会学、心理学など多方面の研究から読み解き、この社会をサバイブする啓蒙の書。

四六判・2700円（税別）ISBN978-4-562-07194-4

小泉悠氏も絶賛、これからの世界を知る一冊！

武器化する世界

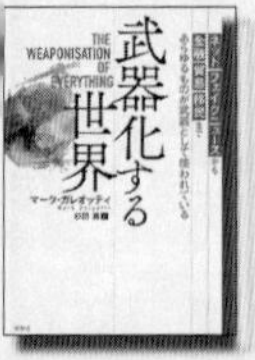

ネット、フェイクニュースから金融、貿易、移民まであらゆるものが武器として使われている

マーク・ガレオッティ／杉田真訳

「21世紀の情報総力戦」の全体像を、その歴史から現在のさまざまな実例とともにわかりやすく案内。ネットからフェイクニュース、金融、輸出入、移民にいたるまで、あらゆる「武器」が私たちを取り囲んでいる「新世界大戦」の現実。

四六判・2200円（税別）ISBN978-4-562-07192-0

「いいね！」が直面する不都合な真実

なぜデジタル社会は「持続不可能」なのか

ネットの進化と環境破壊の未来

ギヨーム・ピトロン／児玉しおり訳

クラウド化のためのデータセンターが世界各地に作られ、データ送信のために海底を埋めつくす通信ケーブル。膨大な電力や資源が「デジタル化」へ注ぎ込まれる現代。「持続性」の見えないデジタル社会に答えはあるのか

四六判・2200円（税別）ISBN978-4-562-07187-6

政治的イデオロギーの暴走は喜劇か悲劇か　日経（5/7）・読売（6/12）書評！

リバタリアンが社会実験してみた町の話

自由至上主義者のユートピアは実現できたのか

マシュー・ホンゴルツ・ヘトリング／上京恵訳

ニューハンプシャー州の田舎町にリバタリアン（自由至上主義者）が集団で移住し、理想の町をつくろうとした結果……日本でも注目されるリバタリアンたちの生態を描き出しながら社会に警鐘を鳴らす画期的ノンフィクション。

四六判・2400円（税別）ISBN978-4-562-07155-5

ほのぼの美味しい
ミステリはいかが？

コージーブックス

ニューヨークの大都会でミツバチが大脱走。
悲劇はそこからはじまった！

コクと深みの名推理⑲

ハニー・ラテと女王の危機

クレオ・コイル／小川敏子訳

マンハッタンのど真ん中で養蜂が大流行り。なかでも都市養蜂の女王ビーの作るハチミツは、一流シェフが競って手に入れようとするほどの極上品。ところが大事なミツバチたちが逃げ出し、クレアのコーヒー店に迷い込んでしまい!? **文庫判・1300円**（税別）

ISBN978-4-562-06124-2

「ワイン界が今まさに必要としている本だ」《サイエンス》《ネイチャー》ほか、全米各紙誌が絶賛!

古代ワインの謎を追う

ワインの起源と幻の味をめぐるサイエンス・ツアー

ケヴィン・ベゴス／矢沢聖子訳

中東で出会った奇妙な赤ワインにすっかり心奪われた著者は、古代ワインとワインの起源を探す旅に。古代の王たちが飲んでいたワインの味は？ ブドウ品種は？ ワイン醸造の世界を科学的なアプローチで探訪するノンフィクション。

四六判・2200円（税別） ISBN978-4-562-07182-1

大英帝国の発展と味覚や嗜好の変化の興味深い関係

イギリスが変えた世界の食卓

トロイ・ビッカム／大間知 知子訳

17 - 19世紀のイギリスはどのように覇権を制し、それが世界の日常の食習慣や文化へ影響を与えたのか。当時の料理書、新聞や雑誌の広告、在庫表、税務書類など膨大な資料を調査し、食べ物が果たした役割を明らかにする。

A5判・3600円（税別） ISBN978-4-562-07180-7

櫓と城門の見方がわかれば城めぐりはグンと楽しくなる！

図説 近世城郭の作事 櫓・城門編

三浦正幸

城郭建築としては華やかな天守の陰に隠れながら、防備の要として各城の個性が際立つ櫓と城門を詳しく解説した初めての書。城郭建築研究の第一人者が、最新の知見に基づき、350点におよぶカラー写真と図版を用いマニアックに解説。

A5判・2800円（税別） ISBN978-4-562-07173-9

食事から見た暴君たちの素顔。

世界史を変えた独裁者たちの食卓 上・下

クリスティアン・ルドー／神田順子、清水珠代、田辺希久子、村上尚子訳

ヒトラーの奇妙な菜食主義、スターリンが仕掛けた夕食会の罠、毛沢東の「革命的」食生活、チャウシェスクの衛生第一主義、ボカサの皇帝戴冠式の宴会、酒が大量消費されたサダムのディナーなど、この本は暴君たちの食にまつわる奇癖やこだわりを描く。

四六判・各 2000 円（税別）（上）ISBN978-4-562-07190-6
（下）ISBN978-4-562-07191-3

京極夏彦氏推薦！

［図説］台湾の妖怪伝説

何敬堯／甄易言訳

死んだ人間、異能を得た動物、土地に根付く霊的存在——台湾にも妖怪は存在する。異なる民族間の交流によって生まれた妖怪たちの伝承や歴史をフィールドワークによって得られた資料をもとに辿る画期的な書。カラー図版多数。

A5判・3200 円（税別）ISBN978-4-562-07184-5

なぜ人は「悪魔」を描き続けてきたのか

アートからたどる 悪魔学歴史大全

エド・サイモン／加藤輝美、野村真依子訳

古代から現代にいたる「悪魔と地獄」の姿を、その時代に残された芸術作品をたどりながら案内。食器に描かれた啓発の地獄図から魔女のふるまいに至るまで、古今東西にわたって専門家が濃密に考証した記念碑的作品。

A5判・4500 円（税別）ISBN978-4-562-07152-4

先駆的な建築家やデザイナーたちが提案する未来都市の全貌がここに！

フォトリアルCGで見る 世界のSDGsスマートシティ

エリン・グリフィス／樋口健二郎訳

世界で進行する 40 以上のスマートシティ構想の全貌を圧巻のヴィジュアルで紹介！脱炭素都市、自己充足型都市、海面上昇による脅威に対応する 1 万人収容の持続可能な浮遊都市まで、未来を視覚化した唯一無二の 1 冊。

B5判・3800 円（税別）ISBN978-4-562-07165-4

郵便はがき

料金受取人払郵便

新宿局承認

6848

差出有効期限
2023年9月
30日まで

切手をはら
ずにお出し
下さい

160-8791

343

(受取人)
東京都新宿区
新宿一-二五-一三

原書房

読者係 行

1608791343 7

図書注文書（当社刊行物のご注文にご利用下さい）

書　名	本体価格	申込数
		部
		部
		部

お名前　　　　注文日　　年　　月　　日

ご連絡先電話番号（必ずご記入ください）　□自　宅　（　　）　□勤務先　（　　）

ご指定書店（地区　　）（お買つけの書店名をご記入下さい）

書店名　　　書店（　　店）

帳合

7169

花と木の図書館 **ヤシの文化誌**

愛読者カード　　フレッド・グレイ 著

＊より良い出版の参考のために、以下のアンケートにご協力をお願いします。＊但し、今後あなたの個人情報(住所・氏名・電話・メールなど)を使って、原書房のご案内などを送って欲しくないという方は、右の□に×印を付けてください。□

お名前《フリガナ》　　男・女（　歳）

ご住所　〒　　－

市　町
郡　村
TEL　（　）
e-mail　@

ご職業　1会社員　2自営業　3公務員　4教育関係
5学生　6主婦　7その他（　）

お買い求めのポイント

1テーマに興味があった　2内容がおもしろそうだった
3タイトル　4表紙デザイン　5著者　6帯の文句
7広告を見て（新聞名・雑誌名　）
8書評を読んで（新聞名・雑誌名　）
9その他（　）

お好きな本のジャンル

1ミステリー・エンターテインメント
2その他の小説・エッセイ　3ノンフィクション
4人文・歴史　その他（5天声人語　6軍事　7　）

ご購読新聞雑誌

本書への感想、また読んでみたい作家、テーマなどございましたらお聞かせください。

原書房

〒160-0022 東京都新宿区新宿 1-25-13
TEL 03-3354-0685 FAX 03-3354-0736
振替 00150-6-151594 表示価格は税別

人文・社会書

www.harashobo.co.jp

当社最新情報は、ホームページからもご覧いただけます。
新刊案内をはじめ、話題の既刊、近刊情報など盛りだくさん。
ご購入もできます。ぜひ、お立ち寄りください。 2022.5

地球の本当の形を明らかにする「緯度1度」の長さを求めて

緯度を測った男たち

18世紀、世界初の国際科学遠征隊の記録

ニコラス・クレーン／上京恵訳

1735 年から、赤道での地球の緯度 1 度当たりの子午線弧を計測するために赤道へ向かったフランス科学アカデミーの遠征隊。困難をくぐりぬけ、壮大な実験を行った、世界初の国際的な科学遠征隊のおどろくべき冒険の記録。

四六判・2700 円（税別）ISBN978-4-562-07181-4

大英帝国の発展と味覚や嗜好の変化の興味深い関係

イギリスが変えた世界の食卓

トロイ・ビッカム／大間知 知子訳

17 – 19 世紀のイギリスはどのように覇権を制し、それが世界の日常の食習慣や文化へ影響を与えたのか。当時の料理書、新聞や雑誌の広告、在庫表、税務書類など膨大な資料を調査し、食べ物が果たした役割を明らかにする。

A5判・3600 円（税別）ISBN978-4-562-07180-7

「ワイン界が今まさに必要としている本だ」《サイエンス》《ネイチャー》ほか、全米各紙誌が絶賛!

古代ワインの謎を追う

ワインの起源と幻の味をめぐるサイエンス・ツアー

ケヴィン・ベゴス著／矢沢聖子訳

中東で出会った奇妙な赤ワインにすっかり心奪われた著者は、古代ワインとワインの起源を探す旅に。古代の王たちが飲んでいたワインの味は？　ブドウ品種は？　ワイン醸造の世界を科学的なアプローチで探訪するノンフィクション。

四六判・2200 円（税別）ISBN978-4-562-07182-1

その起源や意味を万巻の書を博捜し徹底解読した妖精百科

妖精伝説 本当は恐ろしいフェアリーの世界

リチャード・サッグ／甲斐理恵子訳

現代では、妖精はいたずら好きで可愛らしいものというイメージが流布しているが、かつては人々から恐れられる存在だった。シェイクスピアからティンカー・ベルまで、多数の事例や目撃談、文学や芸術に表現された妖精の物語を検証。

A5判・3600円（税別）ISBN978-4-562-05977-5

神秘と幻想と象徴の動物一角獣、ユニコーンのすべて！

ヴィジュアル版 一角獣の文化史百科

ミシェル・パストゥロー、エリザベト・タビュレ=ドゥラエ／蔵持不三也訳

幻想的で象徴的なユニコーンは、紀元前5世紀の書物に初めて記述された。動物学者や探検家、芸術家や詩人たちの関心を集め、テーマとする創作は、今なお続けられている。一角獣にまつわる事象が詳細に語られ、150にもおよぶ美しい図版とともに幻想の動物についての深い知識が得られる、ユニコーン文化史の決定版！

B5変型判（217mm×170mm）・4500円（税別）ISBN978-4-562-05910-2

なぜ人は「悪魔」を描き続けてきたのか

アートからたどる 悪魔学歴史大全

エド・サイモン／加藤輝美、野村真依子訳

古代から現代にいたる「悪魔と地獄」の姿を、その時代に残された芸術作品をたどりながら案内。食器に描かれた啓発の地獄図から魔女のふるまいに至るまで、古今東西にわたって専門家が濃密に考証した記念碑的作品。

A5判・4500円（税別）ISBN978-4-562-07152-4

先駆的な建築家やデザイナーたちが提案する未来都市の全貌がここに！

フォトリアルCGで見る 世界のSDGsスマートシティ

エリン・グリフィス／樋口健二郎訳

世界で進行する40以上のスマートシティ構想の全貌を圧巻のヴィジュアルで紹介！脱炭素都市、自己充足型都市、海面上昇による脅威に対応する1万人収容の持続可能な浮遊都市まで、未来を視覚化した唯一無二の1冊。

B5判・3800円（税別）ISBN978-4-562-07165-4

革命とは何か、現在への影響まで

世界史を変えた24の革命 上・下

上　イギリス革命からヴェトナム八月革命まで
下　中国共産主義革命からアラブの春まで
ピーター・ファタードー／(上) 中口秀忠訳　(下) 中村雅子訳

17世紀から現代までの、世界史上の最重要な24の革命について、それが起きた国の歴史家が解説。革命の原因、危機、結果から主要な人物やイデオロギーがどのように受容されているか、そして現代社会への影響までが分かる。

四六判・各2200円（税別）(上) ISBN978-4-562-05990-4
(下) ISBN978-4-562-05991-1

ナチスのホロコースト、世界貿易センタービル、チベット問題

なぜ人類は戦争で文化破壊を繰り返すのか

ロバート・ベヴァン／駒木令訳

戦争や内乱は人命だけでなく、その土地の建築物や文化財も破壊していく。それは歴史的価値や美的価値を損なうだけでなく、民族や共同体自体を消し去る行為だった。からくも破壊を免れた廃墟が語るものとは。建築物の記憶を辿る。

四六判・2700円（税別）ISBN978-4-562-07146-3

オバマ元大統領のベストブックス2021リスト入り超話題作

場所からたどる アメリカと奴隷制の歴史

米国史の真実をめぐるダークツーリズム
クリント・スミス／風早さとみ訳

アメリカ建国の父トマス・ジェファソンのプランテーションをはじめ、アメリカの奴隷制度にゆかりの深い場所を実際に巡り、何世紀ものあいだ黒人が置かれてきた境遇や足跡をたどる、異色のアメリカ史。

四六判・2700円（税別）ISBN978-4-562-07154-8

写真とキーパーソンの証言、LGBTQカルチャーの情報が満載！

［ヴィジュアル版］LGBTQ運動の歴史

マシュー・トッド／龍和子訳

政治、スポーツ、文化、メディアにおけるLGBTQコミュニティの平等を求める闘いの節目と歴史的な瞬間をとらえ解説。故ダイアナ妃やウィリアム王子、エルトン・ジョンなどLGBTQ運動の支援者や著名人の声を貴重な写真とともに紹介する。

A5判・3800円（税別）ISBN978-4-562-05974-4

櫓と城門の見方がわかれば城めぐりはグンと楽しくなる!

図説 近世城郭の作事 櫓・城門編

三浦正幸

城郭建築としては華やかな天守の陰に隠れながら、防備の要として各城の個性が際立つ櫓と城門を詳しく解説した初めての書。城郭建築研究の第一人者が、最新の知見に基づき、350 点におよぶカラー写真と図版を用いマニアックに解説。

A5判・2800 円（税別）ISBN978-4-562-07173-9

目からウロコ。マニアもうなる天守の秘密を明かす。

図説 近世城郭の作事 天守編

三浦正幸

NHK 大河ドラマで建築考証を務める城郭建築研究の第一人者が天守の基本から構造、意匠など細部に至るまで最新の知見を披露。多数のカラー写真と図版を用い文科・理科両方の視点でわかりやすく説明した天守建築研究の集大成。

A5判・2800 円（税別）ISBN978-4-562-05988-1

中世の技術の頂点　その偉容のすべて

［ヴィジュアル版］中世ヨーロッパ城郭・築城歴史百科

チャールズ・フィリップス／大橋竜太監修／井上廣美訳

中世ヨーロッパの城郭を、その構造から生活の細部にわたるまで図版とともに詳細に解説、また話題となった《中世の城郭を当時の道具で当時のままの方法で一から建築》プロジェクトを案内する。城郭の全てが凝縮された一冊。

A5判・3600 円（税別）ISBN978-4-562-07144-9

戦術と攻防の全てを詰め込んだ決定版!

［ヴィジュアル版］中世ヨーロッパ攻城戦歴史百科

クリス・マクナブ／岡本千晶訳

古代から火薬時代までの攻城戦の戦術とその技術を、攻撃と守備の両面から多数の図版とともに詳述。攻城機の図解から侵入後の戦闘、さらに交渉・潜入戦術などあらゆる側面から紹介した決定版!

A5判・3600 円（税別）ISBN978-4-562-07143-2

ム、パルミチン酸、グリセリンといった成分はすべてインドネシアかマレーシアで栽培されたアブラヤシの実に由来する。

こうした変化は、東南アジア各国の政府と、この地域に根を下ろした巨大な総合的グローバル・アグリビジネスが協調して進めてきた。[5] たとえば、シンガポールに拠点を置くウィルマー・インターナショナルは、2015年に世界のパーム油取引の45パーセントを扱っており、世界最大級のヤシのプランテーション所有者で精製業者であるだけでなく、「パーム油とラウリン油［パームカーネルとココナッツから得られる］の世界最大の処理業者で販売業者であるうえ、食用油の精製と分別、油脂化学製品、スペシャリティファット［特殊な分別技術を用いて作られる脂肪で、チョコレートや菓子製造に使われる］とパーム・バイオディーゼル燃料の領域でも最大である」。[6] この会社の300ある製造プラントは東南アジアに集中しており、シンガポールにある国際的な研究開発センターは、「食品用途の新たなフロンティア」をテーマに研究している。19世紀以降、西アフリカからヨーロッパへのパーム油ビジネスに海運会社が貢献したのと同じように、ウィルマーも液状の油を運ぶタンカーの船団をもつラッフルズ・シッピング・コーポレーションを所有している。もうひとつ昔を思い出させるのが、2015年にウィルマーのふたりの創設者がパーム油マネーをシティ・オブ・ロンドンの不動産物件に投資し始めたことである。そこはエクスチェンジ・アレイと230年前に最初に輸入されたパーム油が競売にかけられたコーヒーハウスから500メートル余りしか離れていない。[7]

◉驚異の油

国際的にパーム油の重要性が増したのは、自然と現代の錬金術とグローバル資本主義がぶつかって融合した結果であり、その後、副産物を生じ、新たな予期しない方向に加速していった。

しかし、石油化学製品、獣脂、植物油でパーム油とパーム核油に代わるものがあるのではないか。たとえば石油化学製品と獣脂は、家庭用洗剤の主要原材料となりうるし、タローは今でも棒石鹸の材料として使われることがある。だが、そうしたものの使用は、繰り返し起こる石油危機や、可能な場合は再生可能な原材料を使うべきだという意見、あるいは宗教的なしきたりと結びついた動物の安全性に関する不安が理由で、徐々に減ってきた。

大豆やココナッツなどの植物油脂はすべて、パーム油とパーム核油と同じように、自然で、持続可能、再生可能、生物に分解されるといった特徴をもっていることで高く評価されるかもしれない。しかし、ふたつのパーム油は、豊富な収穫量、低コスト、有用性の他に類のない強力な組み合わせのおかげで、ほかのものより圧倒的にまさっている。

植物と経済の相互作用が見えてくる、このヤシがもともともっている特徴のひとつが、アブラヤシの生産性が非常に高いことで、植物育種と大規模なプランテーション農業によってさらに向上した。アブラヤシは作物としてすばらしい可能性を有し、油の含有率が高く、果肉は40パーセント、カーネルは50パーセントの率で油を含む。収量はほかの油料作物の場合の10倍にもなり、大豆油の場合と比べると、同じ量のパーム油を生産するのに10分の1の土地しか必要ない。同じ量の油を生産するのに必要な土地、肥料、エネルギー、労働力が少なくてすむのである。生産コストが少ないということは、比較的利益が多く価格が安いということだ。そして見たところ供給量は限りなく増やすことができそうだ。

夢のような収量と低コストのほかに、パーム油とパーム核油には驚くべき有用性がある。さまざまな化学的特徴と可能性が、このふたつの油をほかのほとんどあらゆる植物油とはまったく別物にしている。その派生物も含めパーム油――果肉からの――の5分の4以上が食品用途で使われている。パーム油は20℃の室温で半固体である。このままの状態で使わない場合は、分別処理によって液体（パームオレイン）の部分と固体（パームステアリン）の部分に分けられる。パームステアリンは固さと安定性を得るために水素添加処理をして硬化する必要がなく、マーガリンやショートニングのような固体の食用脂肪を作るのに使うことができる。これに対してパームオレインは、おもに食品を揚げるための調理用油として使われる。

いくつかの低～中所得の国でのパーム油の消費の急増は、ひとつには国際貿易の自由化の結果である。安価で使い勝手のよいパーム油が国産の油を打ち負かし、めったに言及されないが食事と料理の習慣に劇的な変化をもたらした。こうした国々のいくつかでは、パーム油がそのまま食品を揚げる油として、直接的なやり方で使われている。インドでは、そのコスト優位性が理由で、パーム油が貧しい家族や低予算の食べ物屋の調理用油になった。比較的裕福な消費者は、綿実油や芥子油のような伝統的な油の使用を続けている。2014年にインド――当時、この油の最大の輸入国で、2番目の消費国――では、パーム油のおよそ80パーセントが家庭、屋台、レストランで揚げ物に使われていた。[8]

パーム油は、加工食品やインスタント食品の製造に不可欠な材料でもある。その化学的特性が理由で、ほかの植物油とは異なり、パーム油は非常に安定している。高温でも時間がたっても、基本的な特徴を維持しているのだ。このため、ポテトチップスからドーナツまで商業目的の加工食品を非常に高い温度で調理することができ、いったん包装してしまえば品質低下が比較的遅い。

日本の安藤百福《あんどうももふく》（1910～2007年）による即席麺（インスタントラーメン）の発明の物語から、世界の市場におけるパーム油、そして国際企業による工業的食品生産のことが驚くほどよくわかる。[9] 2014年には世界の人口は70億人を少し超えるくらいだったが、世界中で1000億食以上の即席麺が食べられ、その80パーセント以上がパーム油を使って生産されていた。作られたばかりの水分を多量に含んだ麺は、高温のパーム油でさっと揚げることにより乾燥させられる。水分が追い出され、油で置き換えられるのである。その結果できた即席麺は、数ヶ月間、倉庫やスーパーマーケット、地元の店でそのまま保存できる。定番のカップ麺の容器に入れて売られていれば、調理用容器——その中で麺を熱湯でもどす——と食器の両方に使える。

西洋では学生の典型的な主食だといわれるが、即席麺の消費はじつは東南アジアに集中している。韓国の人々は年に平均で70食以上食べる。インドネシア人とベトナム人は50食以上、日本人は40食以上、中国人は30食以上だ。即席麺は世界中のさまざまな国で購入されており、たとえばサウジアラビア、アメリカ、ナイジェリア、ペルーのひとり当たりの年間消費量はそれぞれ28、13、9、6

パーム油がカップ麺を「インスタント」にする：香港のスーパーマーケットでの陳列、2013年。

個となっている。

一部の日本人にとっては、即席麺はこの国の数多くある現代の発明品のなかでも最高のものだ。[10] 大阪にあるカップヌードルミュージアムには、発明者である安藤百福が1950年代に使った裏庭の「研究小屋」が再現されている。[11]

パーム油とパーム核油はどちらも、油脂化学産業の原材料にもなる。これらの産業——しだいに東南アジアに集中してきた——では、天然の油脂が脂肪酸、脂肪アルコール、メチルエステル、脂肪族アミン、グリセロールといった構成要素に分解され、これら基本的な成分がほかの多くの化学物質の重要な要素になる。[12]

この急速に発展する現代の魔法の本質は、化学反応、炭素原子と炭素鎖、分子とイオン電荷にある。商業的に非常に重要なのが脂肪酸である。そしてふたつのパーム油は、加工食品、ボディケア用品、家庭用洗剤を作るのに欠かせないいくつもの化学物質の生産に必要な脂肪酸を供給できるという点で他に類のない存在だ。パーム油はパルミチン酸をもっとも豊富に含む植物性原料であり、一方、パーム核油はラウリン酸とミリスチン酸の主要な工業用天然原料である。

現代の食品技術によって、さまざまなパーム油分別物を正確に得ることができる。こうして処理された状態ではパーム油にははっきりした味やにおいがないので、製品にほかの風味と香りを簡単に着けることができる。2015年に屈指の総合パーム油会社であるウィルマー・インターナショナルは、さまざまなスペシャリティ・パームとパーム核油由来の脂肪を取り揃えて、50ヶ国以上の食品メーカーに販売した。脂肪の多くは特定の市場に合わせて作ることもでき、最終的にできる食品に応じて、フレーバー放出、光沢保持、舌にピリッとくる刺激、空気混入、可塑性、「劣化に対する抵抗力」を向上させるといった、利益に直結することが可能になる。また、これらの脂肪をたとえばもっと高価なカカオバターの代わりに使えば、コストを下げることもできる。[13]

ボディケア用品や化粧品においては、このふたつの油とその派生物は不可能を可能にする。これらの物質を処理するとさまざまな目的に使えるようになり、乳化剤として働いて油と水が分離するのを防ぎカバー力とのびをよくし、軟化剤として働いて髪や皮膚を滑らかにし軟らかくして整える。また、増粘剤や界面活性剤として働いて、粘性、泡立ち、洗浄性を向上させる。

パームカーネルから得られるラウリン酸とミリスチン酸は、家庭用洗剤やボディケア用品に不可欠な界面活性剤を作るための貴重な原料となる。界面活性剤は水と相互作用して、布、床、陶器、皮膚、歯のような物体から汚れを分離し、望ましくない物質を水に流せるようにする。ココナツオイルとパーム核油は化学組成がよく似ているが、後者の方が安価に生産でき、市場において優位を占めている。

食品、ボディケア用品と化粧品、家庭用洗剤以外にも、パーム油は薬剤、溶剤および潤滑剤、塗料および被覆剤、印刷用インク、皮革、ゴム、プラスチックとそのほかのポリマー、金属加工といったさまざまな産業に入り込んでいる。パーム油の供給を容易に得られる国々では、パーム油由来のバイオ燃料産業も急成長している。政策の是非について政治的議論がかなりあるが、ヨーロッパもバイオ燃料産業のためにパーム油を使用している。通常は油はバイオディーゼルにされ、それがディーゼル燃料と混ぜられることが多い。支持者は、パーム油をバイオ燃料として使えば、化石燃料の使用が減り、世界の原油市場の値動きの影響を各国が受けにくくなると主張している。

●森林破壊の惨害

需要の点からいえば、ふたつのパーム油は、人類のために使われる匹敵するもののない価値をもつすぐれた自然の産物だといわれるかもしれない。パーム油は、大（そして貧しい）生産国の経済を劇的に改善し、貧困を軽減する役にも立ってきた。マレーシアとインドネシアに直接または間接的に推定700万人の雇用をもたらし、小規模農家やプランテーションの労働者から、輸送、精製、加工、貿易といった活動にかかわる人々まで、数百万の家族の生計を成り立たせている。

脅かされる雨林、ボルネオ島サバ州、マレーシア、2012年。

パーム油には見たところ驚くべき有用性があるようなのにもかかわらず、生産量と世界の消費量が増えるにつれて、とくに西洋の環境保護団体、倫理的なメーカーや小売業者、そしてこの油の消費の是非に関心のある消費者から、パーム油に向けられる非難も増えてきた。[14]

怒りはおもに現代のパーム油生産がもたらした結果に向けられている。告発内容ははっきりしている。そして一部の批評家にとってはパーム油の生産は犯罪である。アブラヤシのプランテーションは、しばしば違法に植栽され、雨林を破壊してその豊かな生物多様性を脅かし、地元の人々の暮らしに損害を与える。森林破壊の規模は大きい。第一のパーム油生産国であるインドネシアは、とくに批判の的になることが多い。２０００年から２０１２年の間に、この国の原生林が６００万ヘクタール以上（ベルギーとオランダを合わせたのと同じくらいの面積）切り開かれて、大部分が単一栽培のプランテーションに

インドネシアのスマトラ島で起こった泥炭火災、2015年9月24日。薄い灰色の煙が南東から北西へ流れており、赤い点はかつては雨林でおおわれていた土地の泥炭が燃えていることを示している。

変えられたのである。

とくに問題になっているインドネシアのスマトラ島では、1985年から2011年の間に自然林の半分が失われた。もっとも象徴的なのは、生息地が失われたことにより、スマトラトラ、小型のゾウ、オランウータンのようなこの地を代表する動物の生存が脅かされていることだ。2013年の時点で、森の健全さの重要な「指標種」であるトラは、おそらく400頭しかスマトラに生き残っていない。[15] 広く引用されているわかりやすい（そしてかなり怪しい）表現が、1時間にサッカー場300面に相当する面積のインドネシアの森がアブラヤシのプランテーションのために切り開かれているというものだ。[16]

ほかにも関連する懸念がある。インドネシア政府には、テッソ・ニロ国立公園のような保護区においてさえ、違法な雨林の破壊を止める力がないようなのである。[17] 古く深い泥炭地があることの多い低地の雨林がなくなり、その代わりにアブラヤシのプランテーショ

スマトラ島リアウ州で起こった破壊的な森林火災、インドネシア、2015年。

ンができると、炭素が放出されて地球温暖化に寄与する。分解が不完全な植物質が数千年にわたって堆積してできた泥炭は、上にある森の30倍近くも炭素を含んでいることがある。間接的な土地利用の変化を考慮すると、グリーンだといわれるパーム油のバイオ燃料が、皮肉なことに化石燃料より多くの温室効果ガスの放出につながるかもしれないのだ。

ときには土地を開拓するために意図的に利用され、ときには泥炭地の排水をした「偶然の」結果である火災も、プランテーションの開設とかかわりがある。たとえばインドネシアでは2015年に、「世界最大級の火事が……排水された泥炭地で発生し、閉じ込められていた数百年分の炭素を放出して、汚染物質を大気中にばらまき、数週間、さらには何ヶ月も燃えた」[18]。インドネシアでは、衛星によりその年の最初の9ヶ月で10万件の火災が確認され、大部分は泥炭地の地域だった。驚いたことに、たった1度のインドネシアの泥炭火災による3週間にわたる温室効果ガスの放出量が、ドイツの年間の二酸化炭素の総放出量を上回った[19]。

非難合戦は激しく複雑で、先住民の村人や小規模農家から、違法に雨林をプランテーションに変える事業、インドネシア政府、パーム油（とパルプ材）の生産者と取引業者、パーム油を使う西洋の多国籍企業、その製品の消費者まで、あらゆる人やあらゆることが非難された[20]。

雨林、そして場所によっては伝統的な自給自足農業をプランテーションに変えるのは、地元のコミュニティーからは望まれていないことが多い。アブラヤシの単一栽培は、古くから定着していた土地利用と慣習、祖先伝来の土地の権利を一掃し、人権侵害と地元住民の生活の急速な崩壊をもたらし、彼らがプランテーションの労働者にならざるをえなくして、よくても賃金労働者として雇うのがせいぜいで、最悪の場合は奴隷にした[21]。雨林にもとからあったコミュニティーにとっては、森林を保護する方が破壊するより経済的に価値があり、「おもに社会の恵まれない大多数の人を支えることにより、社会的経済的平等を促進する。森林破壊は貧富の差を拡大するのである[22]」。しかし、別の立場や可能性もある。たとえば、先住民のコミュニティーへの悪影響を重視する考え方は、国の繁栄と生活水準にもたらされるプラスの効果を無視している。そして、小規模なパーム油農家のなかには、この作物へ転換することで自分や家族、そしてコミュニティーに成功と恩恵がもたらされると主張する人もいる。

インドネシアとマレーシアにおける森林破壊とアブラヤシのプランテーションの拡大を制限する圧力が増すにつれ、世界のほかの地域で、たいてい「アグロコロニアリズム」という新しい形の植民地主義により、生産量が急速に増加している。たとえば西アフリカのある称賛されると同時に批判されてきた動きでは、リベリア政府が50万ヘクタールの土地の長期的な利権をマレーシアのサイム・ダービー社などの多国籍パーム油企業3社に与えている。[23]

現在のコンゴ民主共和国（以前はコンゴ自由国、ベルギー領コンゴ、1971〜1997年はザイール共和国）でも、パーム油の物語が続いている。ユニリーバは放置していたコンゴのプランテーションを、リーバ・ブラザーズが当時のベルギー領コンゴに開設してからおよそ1世紀たった2009年に、フェロニア社に売却した。フェロニア社はカナダのアグリビジネス企業で、西洋諸国の政府から資金供給され管理される開発金融機関に大半を所有されている。フェロニア社は広く労働者と土地の酷使を続けていると批判されており、これはコンゴのパーム油産業にいつまでも続く固有の特徴のようだ。[24]

◉パーム油と政治

もちろん、すべての森林破壊の結末がパーム油のプランテーションというわけではないが、環境保護の立場からの森林破壊に対する批判はいつもプランテーションと結びつけられる。豊かな国に住む多くの人々にとって、森林破壊とそれが意味するすべてのことは、嫌悪すべきこととして感情的政治的にとくに際立っている。この反感は容易にパーム油のプランテーションとパーム油自体に向けられ、するとそれは個人的な問題になる。好むと好まざるとにかかわらず、豊かな国に住む大半の人々はパーム油とその派生物を日常的に消費し、体に入れたりつけたりするし、家のいたるところで使っているのだ。情報が不完全であいまいなため、たとえばスーパーマーケットの買い物客が自分が購入する製品がパーム油を含んでいるか知ることができるかというと、かなり制限されている。彼らは森林破壊を嫌悪しているかもしれないが、ときにはいやいや、ときには知らずに、このプロセスに加担しているのである。2016年には、食品に使用されている高温で処理されたパーム油が、発癌性物質として「とくに問題」——そしてほかの植物油脂よりも問題——となる懸念も生じてきた。加工食品メーカーから安心させるような言葉があったにもかかわらず、あるいはひょっとするとむしろそのせいで、健康についての警戒から一部の消費者のパーム油に対する不安と嫌悪がさらに強くなった。[25]

国内および国外の法的措置を見ると、食品の表示に関して何が許可され何が要求されるかはさまざまである。2015年までは、EUで販売される食品中のパーム油は「植物油」という総称のもとに隠すことができた。今でも、オーストラリアとニュージーランドでは、パーム油入りの食品であることを明示することが要求されていない。これに対しアメリカでは、パーム油とパーム核油は、一般名が使用されているので容易にそれとわかる。

体の手入れと美容用の製品に含有される化学物質の命名法については、広く採用されている国際的な方式があるが、それによる名称では大半の人々にはよくわからない。シャンプーや泡立つ入浴剤の成分を並べた小さな活字に目を凝らしてみると、多くの場合に共通して必ずあるのがラウリル硫酸ナトリウムかラウレス硫酸ナトリウムだ。どちらもたいてい、パーム核油に由来する洗浄剤と界面活性剤である。

地上から：マレーシアのアブラヤシのプランテーション、2007年。

成分のリストにのっているふたつのパーム油とその派生物にはゆうに200を超える名称——一般的、科学的、技術的名称——がある。[26] パルメート、パルミテート、パルミチン酸、パームステアリン、パーム核脂肪酸ナトリウムというように、一部のものは名前に「パーム」や「パーム核」がついているので、容易に推測できる。[27] しかし、ほかの添加物についてはもっと難しい。セチルアルコール、イソプロピル、グリセリルやグリセリン、ココアバター代用脂といったよく使われる成分は、パーム油から作られることが多いが常にそうとはかぎらない。さらに、セチルアルコールのようなパーム油派生物は、製造過程で使われることがあるが厳密には最終製品中になく、このため成分として表示されない。また、たとえばボディケア製品に含まれるオリーブ油脂肪酸セテアリルは、オリーブ油から作られるとされるが、一部はパーム油にも由来する。同じように、ココグルコシド、ココベタイン、ココイルグルタミン酸ナトリウムのように化学名に「ココ」が使われている場合、その物質が最初にココナッツを使って生産されたことを示しているだけだ。近頃では、そのような成分はココナッツの代わりにパームカーネルを使って作られている可能性が高い。

倫理的で環境に配慮した化粧品とボディケア製品の会社と消費者は驚きがっかりするかもしれないが、ギニアアブラヤシ（*Elaeis guineensis*）の油を含まないヘアケアおよびスキンケア製品はほとんどない。[28]

パーム油に関する政治的立場の表明のひとつが、日常的に使われる何千もの消費財にパーム油を入れている多国籍企業――多くが豊かな国に本部を置いている――についての声高な主張である。グリーンピース、レインフォレスト・アクション・ネットワーク、パーム・オイル・インヴェスティゲーションズ、WWF、憂慮する科学者同盟のような、環境保護運動を展開するNGOは、ネスレ、ケロッグ、ハインツ、プロクター・アンド・ギャンブル、ハーシー・カンパニー、スターバックス、ペプシといった世界的によく知られた企業や国際ブランドを標的にしている。[29]

何をすべきかについての意見はさまざまだが、活動団体の戦略はおもに調査、教育、政治的ロビー活動、消費者活動が中心となっている。なかにはパーム油企業と協力して彼らのやり方を変える方を好む団体もあり、もっとはっきりわかる表示にして消費者に選択肢を知らせるよう訴え、ときには抵抗する企業を名指しして恥をかかせる手法をとることもある。もうひとつの考え方では、たとえばすべての供給元を独立して責任能力があり持続可能であることが証明された既知のプランテー

焼き払われた大地。ボルネオ島スンガイ・ハニュの近くにある雨林の残骸とできたばかりのパーム油プランテーション、インドネシア、2009年7月。

ションと生産まで追跡可能にして、「対立」と「ダーティな」パーム油を終わらせる実際の取り組みが求められている。比較的厳しい立場は、森林破壊につながっていないことを証明できなければ、消費財にパーム油を使うべきではないというものである。[30] ほかに、さらに過激で、この油とその派生物を含む製品をボイコットすると同時に、もっと環境にやさしい代替品をさがす活動をしているところもある。

こうした活動家たちに対抗しているのが、生産国と、パーム油ビジネスに携わっているいくつかの多国籍企業である。彼らは、この作物が恩恵をもたらすと強く主張する。[31] 大規模なパーム油の生産者や処理業者は、環境的倫理的に責任あるプランテーション運営をしており、ビジネスの資格を有し社会的価値があると宣伝する。しかし、このような企業も、違法な活動に従事する第三者の供給者から油を買ったり精製したりしているかもしれない。一部の生産者や西洋のいくつかの食品やボディケア製品の会社など、多国籍企業が「グリーン・ロビー」に批判的だったり非難していることもあるし、たとえば持続可能性について議論したり情報を開示することをまったく拒否する場合もある。[32]

◉持続可能なパーム油?

これらさまざまに異なるグループの立場が一致する可能性があるのは、環境的倫理的に持続可能なパーム油の生産に関することだ。支持者は、パーム油を使わないようにするのは不可能でも、少なくとも、それが最高の環境的倫理的水準で生産されるようにすることはできると主張する。2004年に設立された「持続可能なパーム油のための円卓会議(RSPO)」には、栽培者、製油業者、貿易業者、消費財のメーカーと小売業者、金融機関、WWFなど環境と開発にかかわる非政府組織が参加している。RSPOは「持続可能なパーム油が標準となるよう市場を変革する」[33]というビジョンを達成するために根気強く努力し、「認証された持続可能なパーム油(CSPO)」という呼称が世界的に認められるようになった。

だが、RSPOのビジョンをよそに、2015年にCSPOと呼ばれるものは世界で生産されるパーム油の5分の1しかなかった。そして、この認証が表示されていても、需要が限られているため、その生産量の半分しか認証された持続可能な油として購入されなかった。残りは、はるかに大きな非認証パーム油の市場で販売されたのである。[34]

CSPOの考え方はわかりにくく思い違いしやすい。それは4つの異なる認証を包含している。[35] 単一農園産コーヒーや指定ブドウ園のワインのように、最高に純粋で高価なものは「アイデンティティ・プリザーブド」である。この場合、油は小売りされる製品から加工、精製、農家まで、さかのぼって追跡することができる。ふたつ目のカテゴリーは「セグリゲイション」CSPOで、これも生産工程の最初から最後まで非認証のものから物理的に隔離されているが、アブラヤシの実はいくつかの異なる農家やプランテーションで生産されたものである。「マス・バランス」CSPOは、処理の途中で認証油と非認証油を混合することが許されるが、CSPOと表示される最終製品の割合は、入れられた認証油の割合と一致していなければならない。処理された実の5パーセントが認証されたプランテーションのものなら、最終的に処理された油の5パーセントがCSPOとして認証できるのだ。もちろんこのやり方では、このCSPOの油は組成の点では認証されていない95パーセントの油と同じになる。

グリーンパーム「ブック・アンド・クレイム」という認証システムはさらに抽象的で、CSPOが意味することについての妥当で常識的な見方とはかけ離れている。この場合はメーカーと小売業者は自分たちが使うパーム油の認証を買い——油の出所がどこであろうが——、報酬が最終的にCSPO生産者に行く。支持者は、この取り組みは過渡期にあり、持続可能な油の生産を促進すると主張している。しかし現実には、2015年に全CSPOの半分以上がブック・アンド・クレイムのシステムを用い、その中に持続可能と証明できるようなものはなかった。

このような難しさは意外なことではない。持続可能性の証拠となる重要な要件であるトレーサビ

工業規模のパーム油産業：ボルネオ島サバ州のランコン・パーム油工場でつぶされるアブラヤシの実、マレーシア、2014年。

リティは、パーム油とその派生物の生産にかかわる工程の複雑さと規模を考えれば、非常に難しいのである。ＲＳＰＯは弱く効果がないという理由でも活動団体から批判されており、たとえば参加している生産者に甘すぎて、「持続可能な油」とされていても森林破壊がないわけでも対立がないわけでもない。[36]

豊かな国では、有名ブランドをもつ評判のよい多くの一流企業が、明らかに森林破壊をしない認証された持続可能なパーム油だけを使うと誓約した。[37] ２０１６年の時点で約束達成の進捗状況は順調とはいえなかった。トレーサビリティの問題のひとつの解決策は、西洋のメーカーからパーム油工場、そして最終的にはわかっているプランテーションや農家までのサプライチェーンの垂直統合である。[38] このやり方はパーム

新たに若いヤシを植える前に、古くて生産性の低いアブラヤシのプランテーションを伐採した土地。ボルネオ島サバ州クナ地区、2015年。

油には有効だが、第三者の供給元から購入されることが多い高度に処理されたパーム油派生物の場合は、達成するのがはるかに難しい。供給ラインがたいてい長くはっきりしないため、本当に持続可能な製品であることを保証するのは不可能である。だから多くの欧米企業がマス・バランスやブック・アンド・クレイムのCSPO認証の背後に隠れることにするのである。[39]

問題は、増加するパーム油生産と森林破壊の関係を絶つことができるかということである。理論上は、アブラヤシをすでにある農地で栽培することはできるかもしれない。しかし、既存の権利や土地所有の状況から見て、それをするのは非常に難しい。そして小規模農家によるパーム油の生産は、環境的にはプランテーションによる生産より望ましいが、収量が60パーセントも少ないことがある。理想的だとして提案されている――そして観念論的で見込みがない――もうひとつの解決策

雨林がアブラヤシのプランテーションに土地を明け渡し変わる風景、コスタリカ、2010年。

は、地域社会による利用、野生生物の価値、蓄えられている炭素が最低限の土地に、パーム油生産を広げるというものである。[40]

ふたつのパーム油に代わるものの探索も問題を抱えており、とくに収量、価格、有用性で競争できるほかの油がなかなか見つからない。代替品になるが収量が少ないいくつかの植物油は、アブラヤシと同じ土地を使い、雨林の消失速度がさらに増すことになる。

環境と人間にもたらされる破壊的な結果と、それに関連して生じる生態系への悪影響、政治的抗議、直接的行動、倫理的ロビー活動といったものがあるにもかかわらず、雨林をパーム油プランテーションにするほうが営利的にほかの方法より簡単で安く効率がよい。グローバル資本主義は変わり身が早く、抜け目がなく、感情に流されず、狡猾だ。できる間は、雨林を破壊して得られる大きな利益と安い油を追い続けるだろう。西洋の偽善だという非難に異議を唱えることも難しい。北アメリカでは先の農業革命によって未開のプレーリーが麦畑に変えられ、ヨーロッパでは人間が何千年もかけて植生を変えてきた。

それに、豊かな世界の一部の人が悩んでいるのを別にすれば、倫理的で環境に配慮した製品と原料調達の問題は、価格と有用性のことで頭がいっぱいの国や消費者にとって、共感を呼ぶものではないし、意味や恩恵もほとんどない。だいたいにおいてパーム油に関する政治や倫理は、家族の食事を調理するインドの母親、即席麺を食べる韓国人、髪を洗ったり歯を磨く貧しいアメリカ人の関心事ではないのである。

第7章　観賞用のヤシ

いったん西洋に知られると、ヤシはその美的魅力、異国情緒あふれるところ、ひときわ目立つ建築的な形が理由で歓迎された。観賞用の植物として、ヤシは庭園デザインや景観整備のさまざまな場面で重要な要素になった。植物界を手なずける行為であるガーデニング自体、ヤシのいくつかの種が栽培可能になり育てられ展示されるようになると、内容が豊かになった。

西洋の帝国主義と帝国が広がるにつれ、熱帯と亜熱帯で庭園の数がどんどん増えていった。起源はさまざまで——おそらく金持ちと有力者にとっては個人の遊園、場合によっては食糧生産、ときには科学的な目的——、発展するにつれ多くは、熱帯と亜熱帯で商業的農業を展開するために帝国列強が植物を理解し利用できるようにする役目をもつ植物園に変えられた。熱帯の自然界は、西洋の帝国の目的のために操作され利用された。[1]

非常に大きな商業的可能性をもつヤシは、熱帯の植物園の中心的な要素になった。各植物園（および帝国）は互いに競って赤道周辺のヤシの種のコレクションを増やしていった。庭園デザインが

展示されたファンパーム、シンガポール、1860年代～70年代。

ますます注目されるようになったことで経済的有用性も増し、とくに暇があって安全なところで熱帯の自然を体験したがっている入植者のための、面白くて楽しい場所として熱帯庭園が登場した。視覚的魅力と建築的な美しさをもつヤシは、植物園の景観を整えるうえで欠かせない存在になり、散歩する来園を楽しませるフォーカル・ポイント（視線が集まるところ）にしたり、小道や並木道にそって並べたりするために使われた。帝国主義の時代に開設された熱帯および亜熱帯の植物園の多くが、今では人気のある21世紀の観光名所になっている。

ヨーロッパ人によって設立された最古の熱帯庭園がインド洋のモーリシャス島にある。１７３５年にフランス人の初代総督が私設の庭園を開き、現地で新鮮な食べ物を供給して長い遠洋航海をする船に補充した。その後、この庭園の目的、名称、所有者は何度も変わった。過去の用途には、たとえば輸入された植物の順化もあり、庭園はサトウキビとユーカリの木の種苗場として使われた。現在のモーリシャス国立植物園は「世界最高の植物園のひとつ」で、85種のヤシのコレクションがあって「園芸展示のもっとも重要な部分をなし、……驚くほどさまざまな形態のものがある」[2]。

イギリス東インド会社は１７８６年に「東インド会社カルカッタ植物園」を設立した。１８６０年代には、すでに王立植物園に変わっていたこの植物園は世界最大級の熱帯植物園になっていて、南アジアのイギリス植民地に商業的経済的利益をもたらす植物の研究を行っていた。今日ではアチャーヤ・ジャガディッシュ・チャンドラ・ボース植物園となっており、「コルカタにおけるイギリス支配のすばらしい遺産のひとつ」で、ヤシの保護と研究プログラム、１０９種のヤシの維持を続けている。[3]

スリランカのペラデニヤ王立植物園には、19世紀初めのイギリスによる支配と帝国への植物供給源としての植物園になるより前からの、長い歴史がある。現在ではヤシが重要な呼び物になっており、この植物園は「アジアで同種のものとしては最高」で年に200万人が訪れている。[4] 200種以上あるヤシのコレクションのなかには、巨大な種子で知られるセーシェル産のオオミヤシ（*Lodoicea maldivica*）もある。園の主要な並木道に3種のヤシが使われている。キャベッジパーム（キャベツヤシ、*Roystonea oleracea*）の道、パルミラパーム（オウギヤシ、*Borassus flabellifer*）の道、ロイヤルパーム（ダイオウヤシ、*Roystonea regia*）の道だ。

南アメリカの熱帯植物園でもっとも有名なのは、ブラジルのリオデジャネイロ植物園である。コルコバードの丘のふもとにあって、はるか上方にリオを象徴するキリスト像が見えるこの植物園は、1808年にポルトガル人により、カリブ海から移入された種を順化するために設立された。1822年に一般公開され、今日では900種のヤシがある。19世紀に植えられたロイヤルパームの長い壮観な並木道が園の入り口から中心まで続いて訪れる人を歓迎し、抽象化されて植物園のロゴになっている。[5]

●風景を変える

ヤシは、熱帯と亜熱帯以外でも屋外のさまざまな場所で、装飾と観賞の目的で使われた。1545年にイタリアのパドヴァ大学に世界初の植物園が開設された。そこにチャボトウジュロ

ポルトガルのかつての植民地を彷彿とさせる（もともとはジャジン・コロニアウ
—— 植民地の庭園 —— と呼ばれていた）リスボン熱帯植物園は、ヤシでいっぱいだ。

ヤシと異国風の建築があるにもかかわらず、20世紀初めにニースを訪れた人たちは、まだ太陽の誘いに抵抗していた。1912年に送られた絵葉書。

(*Chamaerops humilis*) が植えられたのは1568年で、今でも生きている——展示されているヤシの非常に長生きした例であるのは間違いない。[6] ポルトガルのリスボンやスペインのマラガなど、海運と貿易で熱帯とつながりのあった港湾都市にも、植物園や市民公園が生まれ、そこでは注意深く分類されたヤシがしばしば最高の地位を与えられた。ヤシは今日でもそのような都市の眺めの核心的要素となって貢献し続けている。19世紀末に埋立地に造られ、スペイン帝国の熱帯の領土からもたらされたヤシが植えられたマラガ公園が、街の海岸通りにそって広がっている。リスボンの立派な熱帯および亜熱帯植物園として、リスボン熱帯植物園と、同じようにヤシの木が植えられたリスボン大学植物園がある。どちらの植物園も、ポルトガルの植民地の熱帯植物を記録し利用することを目的とした大学の研究活動の一環であり、1906年の開園時には熱帯植物園はたんにジャジン・コロニアウ［英語のコロニアル・ガーデン

（植民地の庭園）に相当する」と呼ばれていた。

地中海を縁取るヨーロッパの海岸に自生する植物は、乾燥した暑いことの多い比較的厳しい環境に適応している。のちにコート・ダジュール――1887年に作られた言葉――になる場所の古い写真を見ると、丘の裸の斜面とみすぼらしい発育の悪い植物の単調な風景が広がっている。ベル・エポック［「美しい時代」という意味で、19世紀末から第一次世界大戦勃発までのパリが繁栄した華やかな時代］以降にコート・ダジュール（紺碧海岸）――イギリス人は「フレンチ・リヴィエラ」という――と呼ばれるようになったのは、この地域の植生が目を見張るような異国情緒あふれるものに変わったからである。

ヤシには革命的な変化をもたらす作用があった。背が高く、垂直で、整然とした建築的な量感を景観にもたらし、エキゾチックな雰囲気を出すことに関しては他に類を見ないほど強力だった。ヤシは輸入したあと順化しなければならなかった。ヴィジェ子爵（1821～1894年）は、1864年に最初のヤシであるカナリーヤシ（*Phoenix canariensis*）をニースの自分の地所に植えて順応させた。この種はまもなく、有名なニースの海岸遊歩道、プロムナード・デ・ザングレの成功をもたらすことになる。そしてカンヌの同じようによく知られたプロムナード・ドゥ・ラ・クロワゼットにも、1871年に同じ種が植えられた。

ヤシがうまく生育できるコート・ダジュールなど世界各地の海辺のリゾートで、太陽に対する態度も含め休暇での体験が大きく変わるにもかかわらず、ヤシは海岸通りを特徴づけるものになっていった。このシンボル的な植物は建築的な構造をもたらし、退屈なことが多い内陸から海辺のレ

夏のコート・ダジュールの宣伝。ヤシと太陽、海、砂、戯れる男女が1955年のフランスの鉄道のポスターに描かれている。

ジャーと快楽のゾーンへ移るしるしになった。[7] ヤシが植えられたプロムナード・デ・ザングレはレジャーを象徴する場所であり、2016年7月14日にニースの海岸で起こったテロリストの攻撃の身も凍るような恐怖がかえって際立つことになった。

19世紀後半から20世紀初めにかけて、コート・ダジュールの豪華でエキゾチックな庭園と隣のイタリアン・リヴィエラの庭園の多くでも、ヤシは特徴的な植物になった。19世紀末にニースのある熱帯庭園に125種類のヤシが植えられていた。[8] たいてい金持ちの外国人によって設けられた庭園は、多くの場合、あらかじめ大規模な造園工事がほどこされ、珍しい外国の植物種を手に入れ、熟練した庭師を雇った。別荘や高級ホテルも誇らしげにヤシを見せて、「我々は特別でエキゾチックだ」と宣言しているようだった。

休暇を過ごす人々はさらに遠く離れた海辺、そして熱帯の海岸に関心を向け、しだいに本来の環境に生えているヤシを見ることが増えてきた。20世紀にハワイが観光地として発展したおかげで、アメリカ人の休暇の意識にヤシが浸透した。「ココヤシの林のあるワイキキのあとでは、本格的なビーチはどこもヤシの木がなければならなかった」。[9] 1世紀以上にわたって作られ作り直された今日のワイキキ・ビーチは、大部分が人工的な創造物だ。ワイキキを飾るココヤシの林は、大昔の超自然の雄鶏と王のやりとりから生まれたという興味をそそる神話で説明されるが、実際にはココヤシは移入された種である。[10] カリブ海の島々、そしてもっと最近ではアジアのあちこちの海岸線も観光地になっていて、ヤシの木、とくにココヤシが熱帯のゆったりとしたロマンチックな風景のシンボルになっている。

ハワイのビーチで見えたボートとヤシの木の輪郭。

◉アメリカン・ドリーム

ほかのどの国よりもアメリカは、ヤシを使って変化をもたらすと同時にヤシを楽しんできた。南部の州、とくにフロリダ州とカリフォルニア州では、1世紀以上にわたって、たとえば海岸の湿地や内陸の砂漠から新しい人工の風景へと、自然環境を大きく変えるときにヤシが植えられてきた。この過程で、既存のコミュニティーも別のものに取って代わられた。近頃では、アメリカのヤシは、金持ちの家やプールから、テーマパーク、ゴルフコース、ホテルやリゾート、ショッピングモール、教会、空港、そして住宅地まで、あらゆるものを飾るのに使われている。いくつかのアメリカの町や市と同じ名前のヤシが、さまざまな場所、とくにレジャーとアメリカン・ドリームの実現で知られる場所の印象、意味すること、イメージをよくするのを助けている。

ヤシで特徴づけられるアメリカの行楽地のなかでもとりわけ自然に恵まれたパームスプリングスは、カリフォルニア州のコーアチェラ・バレーにある砂漠のリゾート都市である。カリフォルニア・ファンパーム（*Washingtonia filifera*）（属名はこの国の初代大統領にちなんでつけられた）が、このバレー［川の流域を中心とした平原］に伸びるサンアンドレアス断層によって生まれた、風がさえぎられた渓谷や峡谷にあるいくつものオアシスで盛んに成長している。断層線は地表、あるいはそのすぐ下に水をもたらし、在来のヤシの渇きをいやしている。パームスプリングスでは、水が温かく、19世紀後半から健康と楽しみを求める白人がやってきた。最初、パームスプリングスは、都会に住む現代人の解毒剤になった。馬か馬車に乗ってインディアン・キャニオンズ（今でも「北アメリカ

ユニバーサル・スタジオ・フロリダのハリウッド・リップ・ライド・ロックイット（ジェットコースター）の最先端の工学技術をヤシがいっそう引き立てている、2015年。

パームスプリングスにあるフランク・シナトラのツイン・パームズ・エステート、カリフォルニア州。

最大の自然のファンパームのオアシス」がある）などの峡谷とオアシスを訪れるのがおもな娯楽だった。

しかし、コーアチェラ・バレーのオアシスに生えているヤシはどれくらい「自然」なのだろう？　歴史的には、コーアチェラ先住民の集団であるアグア・カリエンテ・バンドは、ヤシを重要な資源として利用し、火を使い、種子をまき、苗を育てて、この植物を積極的に管理した。しかし、白人のアメリカ人は先住民のやり方を退け、月並みな西洋のオリエント学の視点からここのオアシスを見た。パームスプリングス自体、「リトル・アラビィ」とか「アワー・アラビィ」と呼ばれることもあった。そしてこれは映画の登場によって加速された。１９２０年にはパームスプリングスとその周辺の砂漠は、いってみればアルジェリア、エジプト、アラビア、パレスチナ、インド、メキシコ、そしてトルコのかなりの部分、オーストラリア、南アメリカ、そのほか世界のさまざまな場所の映画を撮るための拠点になっていた。すばらしいのは、「映画が町にいる」ときにパームスプリングスの居住者が見たり聞いたりする特権をもっている光景や音、そして真昼間にまぶしく輝く「スター」である。[11]

砂漠で働くハリウッドのスターたちは、パームスプリングスを自分たちの保養地とみなし始めた。それが発展して典型的な20世紀中頃の金持ちと有名人のための快楽主義的なリゾートになった。また、この町は、余分なものが排除された清潔で革新的で休むことのない見るからに機能的な建築の町、デザート・モダニズムの典型例に変えられた。輪郭のはっきりしたもともと垂直で建築的な姿をしているヤシは、デザート・モダニズムの相棒になった。

パームスプリングスの変貌の背後には、ヤシ、泉、峡谷の利用、支配、目的をめぐって繰り返される衝突があり、それは以前あった先住民と白人入植者の間の血なまぐさいインディアン戦争の20世紀まで続く余波だった。長く続く対立のひとつが、第二次世界大戦直後の市当局の「ヤシを植えて先住民を移動させること――市による小規模な民族浄化[12]」によるパームスプリングスの下町の近代化だった。1949年に300本のワシントンヤシ（*Washingtonia*）がパーム・キャニオン・ドライブにそって植えられ、付随してヤシを維持し照らすための灌漑と照明のシステムが設置された。大通りとそれを飾るヤシは、街の小売業と娯楽の中心になった。2016年には通りにヤシが

1000本以上あって、スカートのように垂れ下がる枯れた葉は注意深く刈り込まれ、クリスマスシーズンにはさらに豆電球のイルミネーションがつけられた。この都市に100あるゴルフコースの大多数もヤシで飾られている。以前は対立していたが、アグア・カリエンテ・バンドは市および州当局と合意に達し、パームスプリングスの最大の共同土地所有者になっている。

ネヴァダ州にあるラスヴェガスは、悪徳の街と呼ばれる以外に、砂漠の中のヤシの街になった。ヤシはたいてい街を象徴する歓迎の看板に描かれていて、多数のラスヴェガスのホテルやカジノ、スイミングプールや親水公園、そしてこの夢の街を貫通するラスヴェガス大通りの中央分離帯を飾っている。

フロリダ州パームビーチの名前のもとになった、この町を特徴づけるココナッツは、幸運な予想外の輸入品だった。1878年1月、トリニダード島のココナッツ2万個をスペインへ運んでいたスペインの貨物船プロビデンシア号が、フロリダのある堡礁島［岸と平行に伸びる細長い島］の浜で座礁した。ココナッツを回収した初期の白人居住者——彼らは6年前に入植したばかりだった——は、ココナッツを換金作物として定着させようと試みたがうまくいかなかった。しかし、ココヤシはこの地域の発展のもとになる。1880年にココナッツ・グローヴ・ハウスというホテルがオープンし、その後数十年にわたって、アメリカ国内にあるヤシのビーチという発想で、北部の寒い冬から逃げて休暇を過ごす観光客を誘ったのだ。[13] 1916年にはパームビーチは「途方もなく豊かで、怠惰で、楽しい——そしてそういいたければ無駄。それは燃えるような花園とヤシの並木道という一種の夢[14]」になっていた。

フロリダ州マイアミビーチのアール・デコ建築にヤシが調和している。レスリー・ホテル、オーシャン・ドライブ、2015年。

フロリダのもうひとつの堡礁島で、やはり風景が完全に作り変えられたマイアミビーチは、この都市を象徴する20世紀のアール・デコ調のホテルと住居を飾るために建築的なヤシを輸入した。浜の背後にある砂丘には、あまり知られていないが在来のノコギリパルメット（*Serenoa repens*）が自生している。

ロサンゼルスの広大なポストモダンの街は、近頃ではオークやスズカケノキのようなもともと自生していた木ではなくヤシで景観を整えられ、ヤシがこの地を特徴づけるものになっている。外来のヤシを最初に育てたのは18世紀のフランシスコ修道会の宣教師で、ミッション・サンフェルナンド・レイ・デ・エスパーニャなどの布教団の庭園にカナリーヤシの種子をまき、シュロの主日に使う葉を確保した。大々的に植えられるようになるのはずっとあとの1870年代で、（最初はカリフォルニア州やメキシコの砂漠のオアシスから、その後の数十年は世界のほかの地域からロサンゼルスへ運ばれた）ヤシが天使の街の景観の整備や場所の宣伝とマーケティングで用いられる重要な要素になった。ヤシは、楽園のようなこの街のシンボルになった。論争がなかったわけではないが――反対意見は、ヤシは土地の植物になりすました外来植物だというものだった――、ヤシは、寒さが追放された暖かく陽光降り注ぐ気候での健康とレジャーと快楽というロサンゼルスでのよい生活への夢と願望をうまく表すものになった。[15] しかしヤシは、不動産、鉄道、土木工事事業、さらには失業対策事業といったもっとずっと実用的な開発とも密接にかかわっていて、1931年の1年間で、市の山林部の募集に応じた400人の失業者が、ロサンゼルスの大通りぞいに240キロにわたって2万5000本を上回るヤシの木を植えた。[16]

しかし、自然の水の供給源がない、本来の環境と違うところに植えられたヤシは、定期的な灌水に依存している。夢の街とそのヤシを維持するのに必要な大量の水は、土木工学の見事な離れ業によって確保され運ばれる。ラスヴェガスは、1936年にフーバー・ダムが完成したことで生まれたミード湖という人造湖の水に依存している。ロサンゼルスで使われる水の大半は、何百キロも離れたところから供給されている。アメリカ南部で拡大しつつある水と環境の危機は、自然の水の供給源から離れたところに植えられたヤシの持続可能性に疑いを投げかけている。蛇口が閉じられれば、ヤシはたちまちしおれてしまうだろう。

◉移動できる楽しみ

もうひとつのヤシの重要な特徴が、移動できるということだ。動かし、輸送し、ひとつの場所から別の場所へ移すことができる。ヤシは移動可能な楽しみになった。

長命な個体のなかには、驚くべき歴史をもつものがある。ロサンゼルスでもっとも古いヤシの木といわれるファンパームは、カリフォルニア州に生えていたがロサンゼルス地域ではなく、150年の間に3回移動させられた。まず、1850年代後半に砂漠のオアシスから苗木が取られ、5000人しかいない町の通りを飾るのに使われた。30年後、倉庫のために道をあけなければならなくなって動かされ、できたばかりの鉄道駅の前に移植された。最後には1914年に再び移されて、新しくできた市の公園、エクスポジション・パークの入り口に植えられ、ここで今では高さ30メートル以上になっている。[17] どことなくムーア風の感じがするドームがあるアーケード駅の前にあったときがもっともシンボル的で、亜熱帯のパラダイスへやってきた人を歓迎しているように見えた。

カリフォルニア州をさらに北へ行くと、高くそびえるメキシカン・ファンパーム（*Washingtonia robusta*、和名はワシントンヤシモドキ）が、新聞発行者ウィリアム・ランドルフ・ハースト（1863～1951年）の個人の桃源郷、カリフォルニアの太平洋岸を見下ろすサン・シメオンの丘にある邸宅ハースト・キャッスルの外観をすっかり変えている。ヤシは、遠方からの地所の眺めをよくし、邸宅の窓やテラスから見えるパノラマを縁取っている。サン・シメオンにある多くのものと同じように、ヤシはよそからもってこられた。これらのヤシは1923年のバークレーの大火を生き延びたもので、根を掘り上げ固く梱包して、荷船でオークランドからハースト・キャッスルへ運ばれた。[18]

今日では、輸送可能で使いやすく建築的でシンボルになるヤシは、素早く景観を変えるために用いられる。建築家、景観デザイナー、そして彼らの顧客は、ヤシのカタログを見て、不動産事業で使うヤシの種類、数、大きさを決めることができる。

ヤシが非常に大きな象徴的意味をもつ最大級の高額な開発――たとえば、ラスヴェガスの新しいカジノやホテル――で使われる、とびきり上等の人目を引くヤシの木は、多くの場合、ヤシのブローカーが調達する。ブローカーは、所有者が売りたがっているヤシを求めて広範囲にわたって捜しまわり、掘り取り、ときには何百キロも離れた新たな場所への輸送の手配をし、その一連の作業で購入価格の10倍も取り戻せることがある。

景観整備に使われるそのほかのヤシは、ヤシ園で栽培されている。アメリカでヤシの種苗場がもっとも集中しているのが、エバーグレーズ湿地帯に近いフロリダ州ホームステッドである。[19] ここでは密集した集団でヤシが栽培され、たいてい高さに応じて値段がつけられる。たとえば2016年にはココヤシ1本が1フィート（約30・5センチ）あたり18ドルした。[20] コンパクトな根系は国外への輸送に好都合で、土壌病害を広げないように、ココナツ繊維でできた粉砕コイアか堆肥化したマツの樹皮を詰めた大きなコンテナで栽培されることが多い。フロリダのヤシの栽培家たちは、たとえばカリブ海の特別なリゾート地を飾るためや、台風や病気で破壊されたり成長しすぎて装飾的価値がなくなった既存のヤシと取り替えるために使われる、緊急の、場合によっては使い捨ての植物を提供する。

ヤシの植栽には流行があり、たとえばその時代の美意識や、夜間のイルミネーションと日中の日影のどちらを優先するかといったことによって変わる。装飾に使われるヤシの手入れや刈り込みにも流行がある。粗い幹の外側を滑らかにして磨くべきか、カリフォルニア・ファンパームの枯れた葉のスカートをどのように刈り込むべきか、カナリーヤシの下の方の葉を取り除いて樹冠の基部をパイナップルのような形にすべきかどうか。こうした仕事は危険を伴う。21世紀の最初の10年で、カリフォルニア州南部で12人以上（その多くはメキシコから来た人だ）がヤシの剪定中に死亡した。[21]

コンテナで栽培された持ち運びできるヤシも、世界中の比較的寒い北部の町や都市をエキゾチックな雰囲気にするために使われている。フランス人は、夏の都会のビーチというアイデアを思いついた。セーヌ河岸を鉢植えのヤシで飾る第1回のパリ・プラージュが2002年に開催されて以来、このアイデアは北ヨーロッパ各地の都市でまねられてきたが、場合によっては本物ではないヤシが提案されることもあった。2015年には、廃工場を利用したバー、アムステルダム・ルストの目の前のビーチに、リサイクルされたガラクタから作られたシンボルのヤシが置かれた。[22]

◉限界を押し広げる

奇妙なことに、ヤシのうちでも少数の種は、通常のヤシの原産地から遠く離れた野外で盛んに成長できるほど耐寒性がある。およそ北緯50度のシリー諸島（イギリス）にあるトレスコ・アビー・

ロドニー湾にあるココ・パーム・リゾートの屋外空間をココヤシが形作っている、セントルシア、2016年。

ガーデンは、カナリーヤシ（*Phoenix canariensis*）、カリフォルニア・ファンパーム（*Washingtonia filifera*）、チリサケヤシ（*Jubaea chilensis*）、ワジュロ（*Trachycarpus fortunei*）、ブラジルヤシ（*Butia capitata*）、ニカウヤシ（*Rhopalostylis sapida*）など、建築的なヤシのコレクションでよく知られている。南西イングランドのコーンウォールの海岸のすぐ沖合の大西洋に浮かぶこの諸島は、メキシコ湾流による穏やかでたいてい快適な気候から恩恵を受けている。この場所は通常、フロリダ・キーズ［アメリカのフロリダ半島南端部の沖にある列島］と比べても寒くない。不利な自然条件もあるにはあるが、高い塀とモントレーマツとイトスギの防風林が西からの嵐と塩分を含んだ風から庭園を守っている。しかしここでの庭づくりはぎりぎりのところで行われており、過去に強風、ハリケーン、雪に見舞われたり、氷点下の温度が続いたりしたときには、大きな被害を受けてきた。このような極端な気象現象はまれにしか起こらないが、トレスコ・アビー・ガーデンがかろうじて耐えているのは、必要ならいつでも対応し、復元し、植えなおすという覚悟があるからだ[23]。

「世界でもっとも北にあるヤシ園」だと主張する、コーンウォール州本土にあるラモラン・ハウス・ガーデンズは、35種のヤシを誇っている。アビー・ガーデンと同じ危険にさらされているが、地球温暖化が、1980年代初めに開園したときにはできなかったやり方で、ヤシの多様性を維持してくれたようだ[24]。

ヨーロッパ北西部とアメリカの北西部で観賞植物として使われ、ほかのどの種より北の野外でうまく生育できる、もっとも重要なヤシの種が、耐寒性のあるワジュロで、涼しく霧のかかった中国の高地が原産である。粗い繊維――ブラシ、ロープ、布、さらにはレインコートをつくるのに使わ

トレスコ・アビー・ガーデンの守られた環境にある、ヤシをはじめとするエキゾチックな植物。シリー諸島、2011年。

れる——が役立つため、古くから日本と中国で栽培されていた。ドイツのフィリップ・フランツ・バルタザール・フォン・シーボルト（1796～1866年）によって初めてヨーロッパへもたらされたが、1836年のキュー王立植物園への導入は失敗に終わり、それはこのヤシが温室に入れられたためで、その後も温室ではうまく育たなかった。

スコットランド人の偉大なプラントハンター、ロバート・フォーチュン（1812～1880年）はもっとうまくやって、ヨーロッパの園芸家たちに、ワジュロは戸外での方がよく育つことをわからせた。1849年に彼は、栽培されたこの植物の見本を、東シナ海の中国本土に近い舟山島《しゅうざんとう》（英語でChusan Island、現在ではもっと正しくZhoushan Islandとされている）からイギリスへ送った［ワジュロの英名はChusan palmという］。1本はキュー王立植物園に植えられ、今でもそこのバンブー・ガーデンで生育している。1851年5月にヴィクトリア女王がフォーチュンのワジュロの別の1本を、ワイト島にある人目につかない海辺の静養所、オズボーン・ハウスのテラスに植えた。それは2003年に切り倒されるまで生きていた。フォーチュンが採集した種子から育てられた植物が1860年に競売にかけられ、こうしてワジュロがイギリスのあちこちの庭園に植えられ始めた。[25]

ワジュロのとくに有名で長生きした例がいくつか、気候は温暖だが荒涼とした風景のイングランド南西端、コーンウォール州の風をさえぎられた庭園にある。[26] 温和な微気象のこれらの庭園は、たいてい19世紀に金持ちの個人、つまり資本主義と帝国から生まれた財産をもつ人々によって設立された。

温暖で風がさえぎられたコーンウォール沿岸部の川ぞいにあるトレバー・ガーデンに、歩哨のように立つ十分に成長したワジュロ。

典型的な例が独特の雰囲気をもつトレバー・ガーデンで、コーンウォールに本部を置く成功した国際的海運業者フォックス家の一員であるチャールズ・フォックスが1838年に設立した。この庭園は、おそらく早くも1860年に植えられ高さがおよそ15メートルある、アイコン的存在の3本（現在は2本）のワジュロで有名である。ヘルフォード川ぞいにある庭園の南の端からは、ダフネ・デュ・モーリアの小説に出てくるロマンチックなフレンチマンズ・クリークの入り口を眺めることができる［「フレンチマンズ・クリーク」は、映画『情炎の海』の原作でこの地を舞台にしたデュ・モーリアの小説のタイトルでもある］。

ヤシは、コーンウォールの庭園に神秘的でエキゾチックな雰囲気をもたらしているようだ。しばしばテレビ番組に登場するトレバー・ガーデンと同じように、「ヘリガンの失われた庭園」はすばらしいドキュメンタリー番組になり、「世紀の庭園復活」という作品が、かつては植物が一面に生い茂ったジャングルの中に隠れて見えなかったヤシを再発見し復活させて「失われた世界」がどんなものだったか明らかにしていく物語を伝えている。[27]

◉自然の仕返し

ヤシのグローバル化に伴ってこの植物の病気と害虫のグローバル化も進み、気づかないうちに世界中に運ばれて、ヤシの建築的な堂々とした姿を危険にさらしている。

新世紀の初めに、ふたつの侵入害虫――パームボーラー（南アメリカから）とヤシオオサゾウ

1992年のハリケーン・アンドリューによって曲がりくねったヤシ。ユニバーサル・スタジオ・フロリダのアトラクション「スース・ランディング」を飾るために移植された。2015年。

売られているココナツ、根菜類、バナナ。カストリーズ・マーケット、セントルシア、2016年。

ムシ（熱帯アジアから）――がヨーロッパに運ばれた。何年もたたないうちに、これらの昆虫はコト・ダジュールの海岸の遊歩道や庭園を特徴づけるカナリーヤシを荒らし始めた。[28] まぎれもない現代のヤシの国であるカリフォルニアにおいてさえ、立ち枯れ病、ピンク腐敗病、ダイヤモンドスケール［葉にひし形の病斑ができ黒点を生じるのが特徴］、マンネンタケ属による腐朽病などの病気がこの植物を攻撃している。

建築的な美しさと経済的重要性の両方で珍重されるココヤシも、枯死性黄化病（リーサル・イエローイング）に脅かされている。この病名は、近縁の一群の病気の症状と結果をよく表している。ほかの数十種のヤシも侵すこの病気は、昆虫（ヨコバイとウンカ）によって広められるファイトプラズマ（植物に寄生する一群の特殊な細菌）によって引き起こされる。１８３４年にケイマン諸島で初めて確認され、この数十年で人間が媒介し

1935年のレイバー・デーのハリケーンで死亡した「一般市民と退役軍人を追悼して」建てられた記念碑。フロリダ・キーズ諸島のアイラモラーダ島、2015年。

て熱帯の多くの海岸線に広めてしまった。たとえば、観光業界で働く人々が驚いたように、カリブ海のアンティグア島では、2012年に最初の枯死性黄化病が発生してからわずか3年で、ココヤシのおよそ半分が失われた[29]。ココナッツが未熟なうちに落ち、その後、樹冠の葉が落ちるという症状もあり、このように上の部分が落ちると不気味にまっすぐ立った幹だけが残る。

ココヤシには観光資源としての価値があるだけでなく、ココナッツは熱帯の重要な農産物である。このより広い文脈で、枯死性黄化病は「アフリカの熱帯地域と世界の亜熱帯地域にあるココナッツのプランテーションに打撃を与え、重大な経済的損失と環境被害をもたらした[30]」。世界のココナッツ生産にとってかなりの脅威となるこの伝染病は、フロリダで100万本のココヤシの少なくとも半分、ジャマイカでは500万本の5分の4を駄目にした[31]。

嵐、ハリケーン、サイクロン、津波はすべて、美しい休日の旅行先の、きわめて注意深くデザインされたヤシのある風景に荒廃をもたらす可能性がある。とくに忘れられないのが、2004年のインド洋大津波で人々、ヤシ、そしてレジャー・リゾートの設備が押し流される映像だ。

しかし、ハリケーンで傷ついたヤシでさえ、ありそうもない風景を作る目的で使われることがある。フロリダ州にあるユニバーサル・スタジオのアイランズ・オブ・アドベンチャーにあるスース・ランディングで使われている、ドクター・スースの絵本のテーマに従ったデザイン指針のひとつは、直線の追放である。このアトラクションに使われている植物のなかに、1992年のハリケーン・アンドリューによって背の高い幹がとんでもない角度に曲がったヤシがある。

オーランドの南にあるフロリダ・キーズ諸島のアイラモラーダ島には、1935年のレイバー・デーのハリケーンで亡くなった数百人を偲ぶ立派な記念碑がある[32]。ヤシが記念碑を取り囲み、記念碑の浅浮彫りには荒れ狂う海と猛烈な風を受けて曲がるヤシが表現されている。

第8章　とらわれの役者

18世紀から19世紀に移ると、帝国主義の戦利品としてますます多くのすばらしい植物が、西洋の人々を驚かせ楽しませようとヨーロッパの各帝国の中心へ持ち帰られた。しかし、北ヨーロッパの大部分は気候が適していなかった。少数の耐寒性のある例外を除いて、適切な人工環境に入れておくことができなければ、ヤシはすぐにしおれてしまった。解決策は途方もない驚くような近代的なガラス張りの温室の開発で、その中にヤシやそのほかの外来植物を入れて展示するだけでなく、愛情をこめて守り育ててやらなければならなかった。パーム・ハウス、コンサーバトリー［家屋に付属した温室］、ウィンター・ガーデンのデザインが、植物がもともともっている自然の建築的な美しさを模倣し、それから刺激を受けることもあった。温室は植物の劇場の役割を果たし、熱帯は演じられる主要な劇、ヤシは有名な役者だった。

こうした新しい構造物を作り出すために、工業化時代の原料と新技術が投入された。外界から切り離された人工の生態系が、熱帯の本質、そしてその暑さと光と水の程度を再現すると同時に、植物を寒くて汚れた煤だらけの屋外の危険から守った。逆説的ではあるが、工業化され商業化された

今では珍しいパーム・ハウスの格子状の梁、イギリス、デヴォン州ビクトン。ラウドンによる19世紀初めのパーム・ハウスのデザインに倣った構造。

大都市を悩ませている降り積もる煤ともうもうたる煙の原因である石炭は、温室にとって不可欠な資源でもあり、鉄とガラスを作るため、そして暖房と照明のために使われた。

19世紀初めに蒸気利用の技術が改良され、温室の中で熱帯雨林の気候を再現し継続的に維持することが可能になった。やはり技術が進歩しつつあった鋳鉄が、最終的には大部分、煉瓦や石に代わって建材として、腐りやすい木材に代わって部材や桟に使われるようになった。鋳鉄はボイラー、配管、通路、階段にも使われた。プレハブ方式にうってつけで、適当な数のパーツを鋳物工場で成型したのち現場へ運んで設置した。19世紀中頃の技術革新のひとつが、造船のために新たに開発された圧延した錬鉄の使用で、高さのある湾曲した構造を最小限の内部支持で作ることができた。より大きくより背の高い温室を建設したいという願望とそれができるという事実は、ガラス製造の技術革新を促す働きもした。

世界屈指の工業国にふさわしく、温室設計の進歩の多くがイギリスで起こった。初期の発明者と新技術の導入者のなかでもっとも大きな影響力をもっていたのが、スコットランド人の建築家で造園家、園芸文筆家でもあるジョン・クラウディス・ラウドン（1783～1843年）だった。温室建設の専門知識をもっていたラウドンは、将来の構想についても書いている。

このような人工の気候には、それにふさわしい鳥、魚、無害な動物を入れておくだけでなく、まねようとするさまざまな国の人種の例を入れるときがやってくるかもしれない。それぞれが特有の衣装を着て、庭師やいろいろな産物の管理人として働くのだ。[1]

ラウドンはロッディジーズ家の園芸会社のために、その頃はロンドンの郊外だったハックニーに建設された、当時としては世界最大のパーム・ハウスを設計した。ジョージ・ロッディジーズ（1786～1846年）はヤシについて実験しヤシを広めた先導的な人物である。ロッディジーズは収集家を使って世界中から植物を調達し、採集したものを特別に設計された容器に入れてハックニーの種苗場まで非常に長い距離を運び、繁殖させたのちその植物をヨーロッパ全土に販売した。1818年に建てられたパーム・ハウスは、鋳鉄と蒸気の革新的な技術を使い、「大きな蒸気装置」と「雨をまねるための美しい仕掛け」を備えていた。1824年に訪れたドイツのある博物学者は、この建物の「壮大さ、便利さ、優雅さ」に匹敵するものはないと思った。彼はさらに次のように述べている。

純粋にガラスで放物体の形に建てられた、長さ約24メートル、高さ約12メートルのドームが、細い鉄の肋材でできた繊細だが丈夫な枠組みで支えられている……高さ約9メートルの優雅な足場をつたって上の部分にあがると、ヨーロッパ生まれの者にとってはまったく初めての光景を楽しむことができる。両半球の熱帯植物……が足の下に広がり、その眺めは熱帯の緑でおおわれた丘の上から見えるものに似ている。[2]

2年後、ロッディジーズはヤシを120種、20年後には280種、手に入れていた。[3]

◉機能と形

19世紀が進むにつれ、イギリスのパーム・ハウスと関連する構造物のデザインも進歩した。建築家やエンジニアは、建築技術、材料、デザインの改良に熱心に取り組み、ときには競争し、ときには協力して、互いに学びあった。

ジョセフ・パクストン（1803～1865年）は、イングランドのピーク・ディストリクトにある貴族のキャヴェンディッシュ家の邸宅、チャッツワース・ハウスで主任庭師を務める一方で、すぐれた温室設計者として知られるようになった。チャッツワースの温室でもっとも有名なのが、1836～1841年に建設された大コンサーバトリーだった。長さ69メートル、幅37メートル、高さ21メートルで、短期間だが、世界最大のガラスの建物だった。パクストンはガラス使用の先駆者で、このチャッツワースの温室がきっかけで最初の1・2メートルのガラス板が生産された。荷重を支えるいくつかの構造要素に鋳鉄が使われたが、ガラス以外は木材が主要な建築材料で、パクストンは、畝がある部分に積層木材を、曲線をなす屋根と壁に「リッジ・アンド・ファァロウ」のデザイン［曲線をもたせたガラス屋根を背と溝の連なる波型にふく工法］を用いる独特のシステムを考案した。

パクストンの技術革新の結果、じつに目を見張るような建物が生まれた。中にあるものはまったく現実離れしていた。1843年に、ヴィクトリア女王とアルバート公がクリスマスの2週間前に訪れている。12月10日の夕方6時に王室の一行が無蓋馬車に乗って中を見てまわったとき、コンサー

バートホルト・ジーマンの『ヤシとその仲間の話 *Popular History of the Palms and Their Allies*』（1856年）の挿絵に描かれた、キューのパーム・ハウスの驚くべき世界。

バトリーは1万2000個のランプで照らされ、水晶やそのほかの岩、噴水などの水の仕掛け、金銀の魚でいっぱいの池、頭上を飛ぶ異国の鳥といった風景の中でヤシをはじめとする熱帯の植物の林を体験できるようになっていた。威厳に満ちた一行は、イングランド北部の暗い初冬の夕方に、途方もない感覚を体験した。こうして、帝国とイギリスの産業がもたらすものを純粋に人を楽しませるために使えることが証明されたのである。[4]

帝国主義国家が二陣営に分かれて戦った第一次世界大戦の間、この大温室は加温されず、ヤシは枯れてしまった。半ば放置された状態の建物は、1920年にダイナマイトで爆破された。

パクストンの大温室がもとになって、究極の温室デザインが生まれた。ロンドンのキュー王立植物園に1848年に完成したパーム・ハウスである。今でも、この植物園を象徴する建物として、そして「現存する世界でもっとも重要なヴィクトリア時代の鉄とガラスの構造物」[5]として、称賛されている。長さ110メートル、幅30メートル、高さ20メートルのこの温室は、着想のもとになった建物よりもかなり大きかった。建築家のデシマス・バートン（1800〜1881年）とダブリンのエンジニアで鋳造師のリチャード・ターナー（1798〜1881年）が協力して設計したこの建物の形は、研究と楽しみの目的で世界中から集められたさまざまなヤシを収容し展示し育てるという機能を追求した結果だった。そして、機能と形がこの透明な建物をスターにした。広々とした場所に芝生とローズ・ガーデンと池に囲まれて土台の上に立つパーム・ハウスは、ひとつにはその優雅で繊細な美しさで、ひとつには魔法をかけられたような内部をちらりと見せることで、訪れた人々を仰天させ興味をそそり続けている。[6]

ふたりの設計者は、発展途上の技術を革新的なやり方で使った。ターナーは、その構造を鉄で作り造船の技術を応用すること、そして支柱間のスパンを広くとり見事なまでに開放的で制限されない内部にできるように、建物の湾曲した肋材は鋳鉄ではなく圧延した錬鉄にすべきだと提案した。もうひとつの技術革新は、建物をおおう1万6000枚のガラスに関するもので、酸化銅（ほかの候補は植物に害を与えるか実際的でないとして退けられた）を使って作られる特別な緑色のガラスの開発だった。金属細工は鮮やかな群青色に塗られた。少数の例外――錬鉄製の手すりと螺旋階段を支えるバラスター（小柱）にパルメットの装飾がほどこされていた――があるが、徹底して飾りがなかった。この建物はおそらく工学と建築の間の新たな関係から生まれた最初のもので、それが完全に実現されるのはもう80年ほどたって世界的なモダニズムの台頭が起こってからのことである。「ある意味、パーム・ハウスは最初の現代的な構造物だった」[7]。

その壮麗さにもかかわらず、最初はこの建物は完全な成功とはいえなかった。（パーム・ハウスの眺めを邪魔しないように）少し離れたところにイタリア風の鐘楼型煙突を設置した暖房システムがうまく機能せず、初めの頃はヤシがあまりよく育たなかったのだ。何本かは枯れ、ほかは別の安全なところへ移さなければならなかった。その後、数十年にわたって、暖房と換気のシステムに多くの変更が加えられ、ヤシの要求を完全に満たすようになった。

◉水晶宮、パーム・ハウス、ウィンター・ガーデン

19世紀中頃は、イギリスを代表する温室がいくつもできた時期である。キューのパーム・ハウスが完成した3年後の1851年、数キロ東に行ったロンドン中心部に、ジョセフ・パクストンが設計した水晶宮がオープンした。この国で開かれた大博覧会の展示物を収容するためにデザインされたこの名高い建造物は、チャッツワースの大温室よりずっと民主的だった。パクストンは、大成功に終わったこのプロジェクトで果たした役割が理由で、ナイト爵に叙せられた。

ロッディジーズ家のコレクションの中に、この一族とパクストンを結びつけることになる、とくに有名なヤシがあった。19世紀初めに、「モーリシャスのファンパーム」(おそらく、*Latania loddigesii* というロッディジーズにちなんだ名前をもつ堂々とした観賞用のヤシ)の見本がひとつ、インド洋の当時はフランス島と呼ばれていたモーリシャス島から船で運ばれて、パリの郊外にあるマルメゾン城のジョセフィーヌ皇后の異国情緒あふれる庭園を飾ったらしい。この植物はその後、ロンドンへ移され、1814年に——この時点で1・5メートルの高さだった——ロッディジーズの種苗場が購入し、およそ40年にわたってそのパーム・ハウスを美しく飾った。この環境で盛んに成長し、7倍もの高さになって、おそらく1851年の大博覧会で鉢植えのヤシのひとつとしてパクストンの水晶宮に登場したのだろう。

ロッディジーズの事業は行き詰まり、大博覧会が終了してまもなく廃業した。ジョセフ・パクストンはこの機会を利用して種苗場のヤシを300本購入し、その頃にはハイドパークから南ロンド

ンに移築されて営利目的の教育および娯楽施設として改装されていた水晶宮に植えた。1854年の夏に、ロッディジーズの巨大なファンパームがハックニーから首都を横断してシデナムへ移された。

木は今では高さが約15メートルあり、重さは1トンを超えている。固い土でできた2・5メートル四方の箱に植えられている。この非常に重いかたまり……はまず材木ですっぽりおおわれて十分な量の鉄の筋かいがあてられ、両側につっかい棒がされた。それから十分に頑丈な重さが7トンある馬車が下に入れられ、うっそうと茂った荷物が32頭のヤングハズバンド社の最高の馬によって通りを引かれていった。この巨大な植物が首都を進む様子、そして幅の広い葉がしたこと——ときには家の3階の窓をなでていくこともあった——は簡単には忘れられないだろう。[8]

新しい家に植えられたロッディジーズのファンパームが、きっと水晶宮の1854年の案内書に「ヨーロッパで最高のヤシの木」と書かれた植物だったのだろう。[9]

この温室には、さまざまなアトラクションや多数の植物のコレクションを収容するのに使われる巨大な「身廊」があった。「熱帯のコーナー」には、熱帯のあちこちから来た「植物界でとりわけ美しい仲間のひとつ」であるヤシが展示された。[10] ヴィクトリア時代の主題の提示方法の一例だが、「エジプトの中庭」にあるスフィンクスの像と像との間に16本のナツメヤシが置かれていた。ヴィクト

水晶宮のエジプトの中庭。マシュー・ディグビー・ワイアットの『シデナムの水晶宮の眺め *Views of the Crystal Palace and Park, Sydenham*』（ロンドン、1854年）より。

リア時代の人々は、ヤシのエキゾチックな美しさに魅了された。水晶宮でのヤシの使用は、再現された古代文明の建築と一体となって、驚くほど独特の雰囲気を生み出した。来場者のなかにはそこで体験する感覚に心を動かされる人もいて、ほかより温度が高い「ヤシのコーナーはケルナーの厳粛なメロディー、ズルナーの陽気なシャリバリ、最新のポルカ[11]」に耳を傾ける音楽会場として使われた。

ロッディジーズのファンパームも含め水晶宮の熱帯植物のコレクションは、1866年12月下旬に起こった火事で破壊され、『イラストレイティッド・タイムズ』によれば、残ったのは「焼け焦げた密林[12]」だった。シデナムの巨大な温室は1936年に焼け落ちた。

水晶宮はその名声と大きさにより特別なものになったが、専門的な植物の館というより娯楽とレジャーの宮殿だという点では珍しいもので

カール・ブレッヒェン、《ベルリンの孔雀島にあるヤシの木立ち》、1832～4年、キャンバスに油彩。プロイセンのフリードリヒ・ヴィルヘルム3世のために設計されたパーム・ハウスの東洋的な幻想に満ちた建物には、インドの寺院の断片が置かれていた。1880年の火事で焼失した。

はなかった。ふたつのタイプの温室や施設に共通しているのが、いたるところにあるヤシだった。ヤシを展示し育てるのを第一に考えて設計された専用のパーム・ハウスは、19世紀初頭から建てられた温室のなかで建築学的に見てとりわけ際立つ特別な存在だった。ヨーロッパのあちこちに点在するが、その場所は大部分がアルプス山脈より北だった（フィレンツェのオルト・ボタニコにあった1870年代のパーム・ハウスはひとつの例外である）。

最大級の途方もない計画のなかには、王族や貴族が支援するものもあった。もっとも極端な例では、ベルギーの王で誇大妄想的なレオポルド2世が、ブリュッセル北部にあるラーケン王宮の公園に広がる温室群――パーム・ハウスもあった――を作らせた。この複合施設には、広大なウィンター・ガーデンのほか、「ハウス・オブ・ダイアナ」と「コンゴ・ハウス」もあった。ラーケンの温室は、ふさわしくない国名をつけられたコンゴ自由国の人々と資源の、レオポルドによる容赦ない搾取から生まれたものだった。レオポルドは1909年に26歳の愛人と結婚した数日後に死亡したが、どちらの出来事もラーケンのパーム・ハウスで起こった。今でもまだベルギー王室の公邸の一部となっている温室群は、毎年3週間、一般公開されている。

植物学界や植物園もヤシに大きな関心を寄せた。彼らは標本について研究し展示することに熱心で、そうした植物を収容するためのパーム・ハウスを建設した。ダブリン、ベルファスト、エディンバラ、ロンドンのキューにあるものはみな、このようにして生まれたのである。多くの場合、パーム・ハウスは時がたつにつれて徐々に変化した。1839～1840年にベルファスト植物園に建てられたものは、曲線的な両翼があり、古典的な中央部に浅いドーム状の屋根があった。しかし

2002～4年に復元されたダブリンの大パーム・ハウス（もともとは1884年に開設された）。この建物はプレハブ方式で建てられ、スコットランドで作られたのちアイリッシュ海を渡って運ばれた。

1852年に、美しい曲線を描くもっと高いドームが、ずっと低い中央部に取って代わった。[13] キューで名声を得たリチャード・ターナーは、現在のアイルランド国立植物園の中にある、美しい曲線をもつ錬鉄製の温室群の設計と開発にも深くかかわった。1843年から始めて、つながりあった一連の構造物が四半世紀をかけて少しずつ建設された。[14] ヤシを収容するためのもっとも高い中央の温室には外側にパルメットの装飾があり、その目的が伝えられた。ヤシはすぐにこの温室に入らないほど成長し、1860年代初頭に新しい建物に入れられた。この建物は不安定で、20年後に倒壊した。1884年に今度はずっと高い、20メートルもある大パーム・ハウスがオープンした。鋳鉄の支柱と木材の枠にはまったガラスでできたヤシの新しい家は、プレハブ方式でグラスゴーに近いペーズリーで作られ、分解された状態でスコットランドからダブリンへアイリッシュ海を渡って輸送された。[15]

ウィーンにあるシェーンブルン宮殿のパルメンハウス、オーストリア、2006年7月。この1882年の建物は、第二次世界大戦末期、1945年に甚大な被害を受け、一部のヤシが枯れた。パルメンハウスは1953年に再開した。

多くのドイツ人はヤシにとりわけ心を引かれ、ヤシを入れるための目を見張るような建物が、ボン、ドレスデン、ハノーバーのヘレンハウゼン、マクデブルク、ミュンヘン、そしてもちろんベルリンに建てられた。多目的のウィンター・ガーデンの伝統に従って、フランクフルトのパルメンガルテン——パーム・ガーデン——は娯楽施設とパーム・ハウスを合体させたものだった。パルメンガルテンの「類まれな魔法」が、「最初から大パーム・ハウスに組み込まれた、オリエントの目まぐるしく移り変わる光景」から流れ出た。[16] それでも、個人の事業であるからには、人々を楽しませて金をかせぐ必要があった。おかしな話ではあるが、1890年にこの施設で——パーム・ハウスがふさわしいとは思えないが——アメリカ・インディアン役が72人登場する「バッファロー・ビル」のワイルド・ウエスト・ショーが催された[17]「バッファロー・ビルはアメリカ西部開拓時代のガンマンで、のちに興行主となってアメリカやヨーロッパを巡業した」。利益を上げる必要のないバイエルン国王ルートヴィヒ2世は、ヤシがたくさんある異国風の庭園を造ったが、それはミュンヘンの王宮の屋上に建てられ1871年に完成した、アーチ型の天井のあるガラスと鉄でできた長さ70メートルのコンサーバトリーの中にあった。[18]

ヤシはドイツの東の国々でも展示され、クラクフ、ワルシャワ、ウィーン、そして1899年にはロシアのサンクトペテルブルクにパーム・ハウスが建てられた。この「大きなヤシ温室」は高さがおよそ24メートルで、現在のピョートル大帝植物園の中にあって、サンクトペテルブルクの悪名高い暗く雪の多い凍えるような大陸の冬から中のものを守るという難しい仕事を与えられた。このパーム・ハウスは40年以上続いたが、1941年9月に始まったレニングラード（当時、この都市はこう呼ばれていた）の悲惨な900日の包囲戦で、大半のヤシとともに破壊された。戦争の恐怖にもかかわらずソビエト人がヤシを重要視したことは、最大級のヤシがいくつか救い出されてこの街の病院へ運ばれたことからよくわかる。ヤシはそこで生き延び、1949年に再建されたパーム・ハウスへ戻された。[19]

パーム・ハウスは、最大級の高さのヤシを収容するために高くなければならない。そしてこのため、訪れた人々に強烈な印象を与えた。計算間違いをすることもあった。エディンバラの王立植物園に1832年にできたパーム・ハウスは低すぎ――高さ14メートル――、サケヤシとサゴヤシが「周期的に葉を屋根から出した」[20]。高さが12メートルあるサケヤシが1本、パーム・ハウスから追い出されて屋外に植え替えられ、次のスコットランドの10月を生き延びることはできなかった。

エディンバラのふたつ目のパーム・ハウスは高さが21メートルあり、古いものの隣に建てられ、1858年にオープンした。ヤシだけでなく「まねようとするさまざまな国の人種」も展示するというラウドンの40年前の空想が実現したことについて、あるスコットランドの新聞が次のように喝采した。

来場者を案内する男性が正真正銘のアフリカ人だという事実により、このハウスはますます熱帯らしくなっている。このような人がいることで、現場に一貫性が与えられる。それに、ヤシの木が育つ陽光に満ちた気候の出身者は、我々のような青白い顔をした人種より、このようなハウスの高温によく耐えられることがわかる。[21]

エディンバラのふたつのヤシ用の建物の古い方は、熱帯のヤシを収容し続けていて、樹齢約200年のキャベツヤシ（*Sabal bermudana*）もあるが、新しい方の温室にはもっと温帯産のヤシがある。

19世紀後半には、とくにヨーロッパと北アメリカの温泉地やリゾートで、「ウィンター・ガーデン」――この言葉はその目的を表しているが、代わりに「コンサーバトリー」が使われることもあった――が、重要な娯楽の場として登場した。

イギリスの海辺に連なるリゾート、とくに高級を気取るものはウィンター・ガーデンを呼びもの

ヤシ、噴水、滝のある洞窟のように見せた施設：1910年4月に送られたカードにあるブライトン水族館のウィンター・ガーデンの写真。送り主は、「お元気ですか……お宅の庭にこうした植物をすぐに植えられるかしら。今夜、このカードの裏側へ行けたならいいのにって思わない？」と書いている。

にしていて、たいていヤシがエキゾチックな要素として欠かせないものになっていた。たとえばブラックプール、ボーンマス、ブライトンにはみな、そのような娯楽施設があった。ブライトンでは水族館の中に、ヤシ、噴水、アルハンブラ宮殿風の室内装飾を呼びものにする、人目を引くウィンター・ガーデンのコンサート・ホールがあった。水族館から短い遊歩道を行ったところに、この町に新たに建てられた「海上宮殿と桟橋」があり、1911年にはヤシで飾られた多目的のウィンター・ガーデンがオープンした。

ウィンター・ガーデンのコンセプトはすぐにイギリス以外へも広まった。コート・ダジュールでは、ニースの冬をひいきにするイギリス人観光客はカジノとその「趣味のよい」ウィンター・ガーデンを楽しむことができ、そこはコンサートにも使われた。

ニースのウィンター・ガーデン、1890年代頃。観光客が陽光降り注ぐ夏のコート・ダジュールへ行きたがるようになる前。

鉢植えのヤシも高級（そしてそれほど高級でない）ホテルのレストラン、ラウンジ、待合室を飾った。とりわけスタイリッシュな（そしていいホテルをまねようとするそれほどスタイリッシュでない）ホテルには、「パーム・コート」（ヤシの中庭）があった。軽快な管弦楽がその典型的かつ重要な部分であり、しばしば「パーム・コート・オーケストラ」が「パーム・コート・ミュージック」を演奏した。20世紀前半には、軽音楽のイギリス人指揮者、アルバート・ケテルビー（1875〜1959年）がよく知られていた。彼は、「ペルシャの市場にて」（1920年）、「中国寺院の庭にて」（1923年）、「エジプトの秘境にて」（1931年）のような、異国情緒あふれる情景と雰囲気を生み出す美しい旋律の作品で有名だった。遠い国の俗受けする雰囲気は、コンサートに行った人が熱帯のヤシに囲まれていると、間違いなく盛り上がった。

19世紀後半には、北の比較的寒い気候のところに住む、比較的裕福な中流階級の家族のために設計された、個人の家庭向けコンサーバトリーもあった。イギリスの漫画家で作家のオズバート・ランカスター（1908～1986年）は、20世紀初頭に祖父のコンサーバトリーでヤシと巨大な葉がいかによく育っていたか書いている。ランカスターはコンサーバトリーに対して深い愛情をもち、次のように思ったという。

> もっとすごい見たこともないような形の植物がすべて選り集められていて、その多くがガラスの壁の向こうで最高のロマンス——オアシス、無人島、プロムナード・デ・ザングレ——の音をかなで、ガラスを通して乱雑に散らかったあらゆるもの、昆虫や埃といった自然の現実がはっきりと見えること。そしてさらに……水と魚を加えてこのジャングルのドゥアニエ・ルソー「画家アンリ・ルソーの通称」の絵のような光景をさらに強化したこと……そんなことがいつも我々のとりわけ文明的な偉業のように思えた。[22]

◉存続と変容

パーム・ハウスとその類似物は、目を引く珍しい外見をした構造物であること、中にある植物の文化的重要性、建物も中にあるものも見るからに、そして透けて見えるほど壊れやすいという点で、

キュー王立植物園のパーム・ハウスの内部、2011年。螺旋階段 —— 入場者がのぼってもっとも背の高いヤシの樹冠を見ることができる —— のパルメット装飾が、この建物の役目を伝えている。

独特の種類の建物である。外側からは、パーム・ハウスは光を反射し、魔法がかけられたような中の様子をちらりと見せる。内側にいると、エキゾチックで得難い世界が実現されたという感じがするのに対し、ガラスの壁を通して見える外の現実はぼんやりしていて遠く離れて感じられる。

いくつかのパーム・ハウスは数年しかもたなかったが、数世紀にわたって存続したものもある。ラウドンが設計したわけではないが彼の影響を受けた、イングランドのデヴォン州南部にあるビクトン・エステートの光り輝くパーム・ハウスは、少なくとも170年間立っている。ただし、修理と修復が何度も繰り返され、一番最近は1986年に行われた。

とくに中を暑く湿度の高い環境にしておく必要があり、付随して腐敗と腐食の問題があるため、パーム・ハウスは壊れやすい危険をはらんだ構造物であり、長くもたせるには継続的な維持管理と更新が必要である。キューにあるパーム・ハウスのプリンスは、修復と改造がなされてきた。ガラスの交換は少なくとも3回行われている。1950年代中頃に、最初の錬鉄製の桟がきれいにされて、全体のガラスのはめ直しが行われた。わずか30年後には桟はひどく腐食していて、3年以上続くもっと本格的な修復が行われた。ヤシを外に出した――この過程で何本か切り倒された――のち、建物は解体されて、それから長さが16キロにもなる議論を呼んだステンレス製の新しい桟と1万6000枚の湾曲した強化ガラスを使って建て直された。[23] 入場者が体験することも変わった。ヴィクトリア時代に群青色に塗られた金属細工は、半世紀のちにクリームがかった白に、そしてもっと最近ではチタンホワイトに塗り直された。もともとは鉢植えにされていたヤシは、今では深い苗床に植えられている。そして1980年代の改修以降、地下室に海洋水族館がある。

エニド・A・ハウプト・コンサーバトリーのドームにそびえ立つロイヤルパーム（*Roystonea regia*）のどっしりとした幹、ニューヨーク植物園、2010年4月。

修復すべきか建て直すべきかという問題について似たようなことが、キューのパーム・ハウスを手本にした、ニューヨーク植物園のアイコン的存在である、1902年完成のコンサーバトリーについてもいえるかもしれない。1938年と1953年に乱暴な「近代化」が行われ、1978年にまた大々的な改修が行われた。もっと根本的な改造が1997年に完了し、最初の鋼鉄製の桟がアルミニウムに替えられた。終わりのない改修と改造が実施されたにもかかわらず、このコンサーバトリーは依然として「ヴィクトリアン・スタイルの温室芸術の見事な例で、ニューヨーク市のランドマーク［であり］世界中から収集されたヤシを展示[24]」している。ダブリンでは、曲線的な錬鉄製の温室群が1990年代に完全に復元されたが、その一方ですぐ隣の大パーム・ハウスは腐って危険なため2000年代初めに公開をやめ、解体されて新しい材料と技術を使って作り直された（ただし、最初の錬鉄は一部鋳直された[25]）。

古いパーム・ハウスの復活のほかに、パーム・ハウスの概念自体が現在に合わせて考えなおされた。ときには建物の中に生きたヤシの木立ちを植えたい場合もある。このような閉じ込められたヤシの運命についての示唆に富む現代の物語を、ニューヨーク市のブルックフィールド・プレイスにあるオフィスビルのウィンター・ガーデン・アトリウムに16本植えられたメキシカン・ファンパームについて語ることができる。ワールド・トレード・センターの敷地の近くに位置するこの建物が1988年にオープンしたとき、これらのヤシの目的は、来場者を引きつける「特徴的なスペース」を作ることだった。9・11のテロ攻撃のときに甚大な被害を受けたこの建物は、翌年、フロリダから新しいヤシを取り寄せて再開した。これらのヤシは「新たな始まりと変化、強い前向きな姿勢を

ブルックフィールド・プレイスのウィンター・ガーデン・アトリウムの屋根まで伸びるメキシカン・ファンパーム、ニューヨーク市、2009年。7年前にヤシが植えられたが、4年後には高くなりすぎたため取り除かれて別のものが植えられた。

象徴するようになった」が、急速に成長して2013年には切り倒され、もっと若い小さなものに取り替えられた[26]。

別のところで現在、注目されているのは、植物のひとつの科としてのヤシではなく、バイオーム（生物群系）あるいは生態系としての熱帯雨林で、そこではヤシはひとつの構成要素にすぎない。これは壮大な考え方だ。

1992年にオープンしたモントリオール・バイオドームは、オリンピックの自転車競技場だったところを再利用したもので、中心を5つの「永久的生態系」に置いている。とくにモントリオールが赤道から離れているせいもあって、もっとも人気があるのは南アメリカの熱帯雨林の「再現」だ。この「世界でもっとも美しい森に捧げられた」施設の中には、多数のヤシの種が植えてある[27]。

さらに野心的なのがエデン・プロジェクトで、イングランドの南西端にあたるコーンウォール州の以前は陶土が採掘されていた地区に、今では世界最大の温室がある。2001年に始まったこのプロジェクトは、観光スポットと教育活動と地域開発事業を兼ねている。1・56ヘクタールに及ぶ「施設内のものとしては最大の雨林を収容する」巨大な熱帯バイオームでは、ヤシが重要な役割を果たしている。通常の温室の建設方法ではなく、中空の鋼材とプラスチック・フィルムでできた六角形のパネルの構造が用いられた。これはひとつには、アメリカのデザイナーのバックミンスター・フラー（1895～1983年）によって世に広められたジオデシック・ドーム［三角形の部材を組み合わせた半球形の構造］から着想を得たものである。その結果、有名な19世紀のキューのパーム・ハウスや最初の水晶宮と同じように、視覚的に面白い独特の形になっている。熱帯バイオームはもっ

エデン・プロジェクトの雨林バイオーム内部の風景、イギリス、コーンウォール州。

と大きなドーム複合体の一部であり、長さ135メートル、幅100メートル、高さ55メートルで、キューのパーム・ハウスのおよそ2倍の高さである。[28]

19世紀のパーム・ハウスの成功は、デザイン、技術、資金のおかげだった。同じ3つの不可欠な条件が、2018年にドバイにオープンする予定の人工の雨林の成功を決めることになる。この砂漠の首長国は、人工のパーム・アイランドなど、とんでもない現代の不動産開発が進められている場所である。0・7ヘクタールあるドバイ・レインフォレストは、5兆5000億ドルの「超豪華な都市リゾート地」の重要な家族向けアトラクションになるだろう。[29] 熱帯雨林に有害なことが確実な厳しい砂漠の気候にもかかわらず、リゾートの公共スペースがある建物の屋上に野外の雨林を作ることが提案されている。その構想では、進んだ技術と（ガラスの建物ではなく）バイオフィリック・デザインを用いて、厳しい異国の環境から脆弱な雨林を守るのだという。

結露の水を蓄えて生まれた……熱帯の環境に似た湿度の高い……巨大なジャングルの林冠が影と保護をもたらす。[30]

そしてセンサーにより、「大量にあるエキゾチックな植物、ミストの散布、魚でいっぱいの小川、人工のビーチ」[31]を楽しんでいる客の上に雨が落ちないようにする。

エデン・プロジェクトで使われドバイ・レインフォレストに提案されている、ヤシやそのほかの熱帯植物を檻に入れる過激な新しいやり方にも、過去のガラス大温室の残響と反響が鳴り響いている。2世紀前のラウドンの「壮大で便利で優雅な」ハックニーのパーム・ハウスには、「雨をまねるための美しい仕掛け」があった。壮麗なチャッツワースにあったジョセフ・パクストンの大温室を訪れたヴィクトリア女王は、異国の魚でいっぱいの池があり、同じように珍しい鳥が頭上を舞う風景の中に作られたヤシとそのほかの熱帯植物のジャングルを体験した。変われば変わるほど、同じところにたどりつくのだ。

第9章　抽象化とファンタジー

文化的なシンボルやしるしとして抽象化されたヤシが、現代社会に深く浸透している。単純化された、二次元のこともあれば三次元のこともある人の手によるヤシが、建物の内部、屋外のスペース、さまざまな物を装飾するのに使われる重要なデザイン・モチーフになっているのだ。

ファン・バウティスタ・デ・ビジャルパンド（1552～1608年）による、エルサレムのソロモン王の神殿にあるもっとも神聖な至聖所の内部のイラストが、1604年に出版された。それはインテリアのデザインと装飾にいつまでも影響を与え続けることになる。イエズス会の司祭で学者、建築家であるビジャルパンドの描写は、旧約聖書でこの神殿について預言者エゼキエルがいったことを彼なりに解釈したものである。それには、契約の箱、翼と割れた蹄をもつ守護者ケルビム、うろこにおおわれた幹から羽毛のような葉が流れ出るヤシで装飾された壁が描かれている。全体的な印象は、ヤシの木立ちの中の神聖な空間といったところだ。[1]

ヤシが重要な役割を果たす、神がデザインした神聖な室内装飾を描いたビジャルパンドの想像図は、さまざまな場面で使われた。とくにヤシの木と葉は、ヨーロッパの王宮、大邸宅、教会の室内

ジャン＝ジョルジュ・ヴィベール、《スペインのシュロの主日》、1873年、水彩。装飾的なヤシの葉を使う古くからの習慣が、世界のカトリックとエピスコパル［プロテスタント教会のうち主教制度を有するもの］の多くの宗派で続いている。

ツヴィーファルテン修道院にあるヤシの木の懺悔室のひとつ、ドイツ。

装飾で脇役だが視覚的に強い印象を与える要素になった。1665年にイギリスの建築家ジョン・ウェッブ（1611〜1672年）は、イギリス国王チャールズ2世のためにグリニッジ宮殿の寝室をデザインしたが、アルコーブ（壁のくぼみ）にある王のベッドは、仰々しくヤシの木と弧を描くヤシの葉で囲まれていた。[2]装飾に王の神権をただよわせているほかに、男根を連想させるヤシは王の生殖能力と性的結合も暗示していた。

ウェッブのデザインは使われないままになったが、ビジャルパンドが考えたのとよく似た図案化されたヤシが1710年、ヴェルサイユのルイ14世の王宮付属礼拝堂でひときわ華やかなロココ様式のオルガンにある金色の装飾で、ついに現実のものになった。[3] 30年後にはルイ15世が、やはりヴェルサイユで、ヤシのモチーフを私的な寝室に使った。

ポツダムのサンスーシ公園にある1764年に完成した中国茶館を飾っている、ヤシに見せかけた金色の柱。ドイツ。

18世紀半ばには、宗教、王室、貴族によるヤシの使用がほかの場所にも広まっていた。ドイツ南部のツヴィーファルテンにある1740年代のバロック様式の修道院には、ビジャルパンドの想像図に従ったヤシの木の懺悔室がある。罪の結果を描写した方の懺悔室には、破壊されたヤシの木が示されている。これに対し、再生と悔い改めを暗示する方には、健康で生き続けるヤシの木立ちが表現されている。[4]

ロンドンでは、スペンサー・ハウスで晩餐後の紳士の休憩室として使われた1750年代中頃のパーム・ルームが、直接的には90年前のウェッブのデザインを、間接的にはビジャルパンドが150年前に想像した至聖所を参考にしている。[5] しかしこの場合、ヤシは古典建築、自然、喜びをほのめかしている。同じ頃、やはり至聖所の図を参考にした、理

ジョン・ナッシュ、東方 ── そしてヤシ ── をテーマとする大厨房の水彩のイラスト、彼の19世紀の『ロイヤル・パビリオンの眺め *Views of the Royal Pavilion*』より。

想化されたヤシが、バイエルンのバイロイト新宮殿にあるロココ様式のクルミ材でできたパーム・ルームに用いられた。この部屋は客が視覚と味覚でごちそうを楽しんだだろう宴会場、そしてフリーメイソンのロッジ（地方支部）として用いられた。後者の用途は、ソロモンの神殿がフリーメイソンにとって重要なことを考えれば、もっともふさわしいものだった。[6]

ヤシの魅力の幅が広がるにつれ、ヤシはさまざまな概念と結びつけられるようになった。ヨーロッパで、デザインに中国の主題を用い神秘的でエキゾチックな遠い世界を暗示するシノワズリという装飾様式が流行した。プロイセンのフリードリヒ2世のために1764年に完成した、ドイツ、ポツダムのサンスーシ公園にある中国茶館の外観は、茶会の場面を描いた一枚の絵になっている。張り出し部分の屋根を支えている砂岩の柱には、もうひとつの目的がある。金色に装飾されたロココ風のヤシの木になっていて、実物大の人物像が音楽の流れるお茶会の夕べを楽しむ舞台装置になっているのだ。[7]

イギリスで内装にヤシを用いたもっとも影響力の大きなものが、1820年代初めに完成したブライトンのロイヤル・パビリオンにあった。快楽主義の摂政王太子（のちのジョージ4世）のために働く建築家、ジョン・ナッシュ（1752～1835年）の関心はファンタジーを生み出すことにあり、ヤシとヤシのモチーフが重要な役割を果たす種々のスタイルとイメージを取り入れた。屋根と天井を支える鋳鉄の柱はヤシの木のように装飾され、そのデザインは抽象的なこともあればあいまいなこともある。ある場合などは、幹は竹のように見え、葉はヤシのように見える。大きくて開けた作業空間を作るのに必要な、厨房の屋根を支える柱さえ、銅のヤシの葉で飾られていた。[8] 形は、パビリオンを構造的に支える機能と、見た人を架空の退廃的な別世界へ連れていく装飾たっぷりの建物にするようにという摂政王太子の要求に従ったものである。それは「太ったモンゴル皇帝がヤシの木に似せた鋳鉄の柱の下に悠々と座れる、桃源郷のような、ブライトンの日当たりのよい快楽のドーム[9]」だった。

◉象徴と意味

ヤシのモチーフは「勝利、平和、天国、正しさ、生殖能力、殉教、異国情緒」など、さまざまな

熱帯のヤシのモチーフが、もっともありそうもない海辺に入り込んでいる。ロンドンから東に行ったテムズ川河口にあるジェイウィック・サンド、2010年4月。5年後にジェイウィックはイングランドでもっとも貧しい地区であると公式に認定された。

コニー・アイランドの大遊園地の名残であるパラシュート・ジャンプの残骸は、コニー・アイランドのビーチにもっと最近登場した人工のヤシの木の形によく似ている。ブルックリン、ニューヨーク、2009年。

意味をもつようになった。[10] たとえば、ヤシの葉を使って墓を飾るのは、死に対する勝利を象徴した。軍の勲章や旗から観光バスやレジャー・プールまで、エンブレムやシンボルとしてヤシはさまざまなものを飾ってきた。第二次世界大戦のときに、北アフリカの砂漠で戦うドイツ軍が使ったほどで、アフリカ軍団の徽章はかぎ十字が重ねられたヤシだった。

大きさについていえば、建築的なしるしやシンボルとしてのヤシは、ごく小さなものから巨大なものまである。極端な場合、最初に古代エジプトに登場した、ナツメヤシの樹冠を様式化し抽象化したパルメットが、各時代の目的に合わせてデザインしなおされて使用された。それはさまざまな形でルネサンスの彫刻、バロック様式の噴水、新古典主義の建築、摂政時代の鋳鉄製の手すりやバルコニー、ヴィクトリア時代のパーム・ハウス、20世紀の郊外にある庭の門の装飾になった。[11]

現代においてヤシに与えられているもっとも重要な意味は、エキゾチックなものや楽しいことがあるという漠然とした感じを示すことである。文章の形でも視覚的にも、ヤシはさまざまなファンタジー、夢、フィクションに取り込まれ、実体のないもののシンボルになった。ヤシは、特定の種類の現実および架空の場所の概念に不可欠な要素になった。強力なメタファーとして「それ［ヤシ］が意味するものがすなわちそれがもたらすもの」[12] なのである。

ヤシは、コート・ダジュール、南太平洋、カリフォルニアのような場所がどんなところか明確にする働きをする。[13] 画家、作家、映画製作者など、影響力の大きなイメージメーカーの作品が、ヤシのもつ意味を強め増大させてきた。コート・ダジュールのヤシがクロード・モネ、アンリ・マティス、ラウル・デュフィといった画家を誘惑し、その一方でフランス領ポリネシアのヤシ――そして

印象派の画家が見たイタリアン・リヴィエラ：クロード・モネ、《ボルディゲーラのヤシの木》、1884年、キャンバスに油彩。

女性――が同じようにポール・ゴーギャンを魅了した。[14] その結果生まれた有名な作品が、その後、そのようなヤシがたくさんある場所がもつ意味についての大衆の認識を強化し発展させたのである。

2世紀前にブライトンのロイヤル・パビリオンで使われて以来、ヤシはしばしば、面白味のない普通の場所をエキゾチックな別の場所に変えようとする、現代の海辺のデザイナーによって使われてきた。現実のヤシが生きられない環境の場合、ヨーロッパや北アメリカで比較的寒い北部の海辺のリゾートのデザイン・タペストリーにヤシを織り込むには、その糸が本物の糸ではなく人工の象徴的なものであることが求められる。[15]

ファイバーグラス、合金、プラスチックのような新しい素材は、ヤシの木を

人工的に作られた現実と商業施設の装い。トラッフォード・センターの装飾に使われているプリザーブド・パームの木、マンチェスター、2016年。

使ったデザインの可能性を、子どもの遊び場、音楽フェスティバル、テーマパークなど、ほかのレジャーの場にも広げた。ごく最近では、「プリザーブド・パームの木」――本物のヤシの「生物的機能を終わらせ」、木を構成する各部を取り外して、防腐処理してから鋼材の芯のまわりに復元したもの――が世界中に広まり、レストラン、カジノ・リゾート、ホテル、ショッピング・モール、オフィスビルの公共スペースに入り込んでいる。[16] 状況がどうであれ、ヤシの木は、私たちが本当はどこかほかのところ、どこか好ましいところにいると見せかけている。

ヤシの決定的に建築的な使用例がドバイの海岸にある。上空から見るとナツメヤシの形をした3つの人工島「パーム・アイランド」は、世界最大の建築プロジェクトである。[17] 贅沢な海辺の住居とレジャーの巨大な複合施設ができる「アイコン的メガ・プロジェクト」であるパーム・アイランドは、完成すればドバイの海岸線に120キロのビーチを加えることになる。ヤシの抽象化と海岸のデザインに関するこの究極の構想は、ドバイを国際的な観光地に変える戦略の一部である。ドバイの首長、ムハンマド・ビン・ラーシド・アール・マクトゥームが思いついたナツメヤシのモチーフが選ばれたのは、この植物が「ドバイの非常に古くからある生命と豊かさのシンボルのひとつ」だったからである。逆説的だが、この島の生態系と環境への悪影響と持続可能性について懸念する批判的な声もある。[18]

ナツメヤシを使うことには、このプロジェクトにとって別の利点もある。この植物の形にすることで、適当な規模なら、数千戸の新たな住宅がそれぞれプライベート・ビーチをもつことができるだけでなく、「すぐにそれとわかるドバイのシンボルと……ドバイというブランド[19]」を生み出したのだ。この意味でパーム・アイランドは「一般的な場所であり、それが象徴するのはナツメヤシがアラブ世界のあちこちで栽培されているといった特定の地域の文化に関することではない……シンボルが物体になった完璧な例[20]」なのである。

2世紀の間、西洋の海岸に魅力を与えロマンチックにするのに使われた建築的シンボルというヤシの見方が、ドバイによって再び注目され採用されて、おもに金持ちの西洋人に売り出すための、目を見張るような新しい形の21世紀の楽しい海岸の都市空間を作り出した。しかし、世界最大のヤシの形は、空中か宇宙からしか十分に観賞することができない。

宇宙から見た世界最大のヤシ、ドバイのパーム・アイランド。この画像は、2008年にNASA の地球観測衛星テラの装置により得られた2枚のシーンを合成したもの。

◉冒険と奔放の島

ヤシの木は、冒険の島、無人島、熱帯の島（そして砂漠のオアシス――水ではなく砂に囲まれた陸の孤島）の視覚的表現における重要なシンボルにもなってきた。熱帯の島についての架空の物語は、たいてい厳しいか異質な環境に囲まれた、隔絶された場所の話であることが多い。連想されるのは、座礁と難破と漂流、遠く離れていることと孤立、安全な天国対冒険の世界と宝探し、避難の途中、手つかずの自然のままの世界に文明と秩序をもたらすことだけでなく危険と野蛮の源としての自然の可能性、新参者とよそ者と異邦人の脅威、海賊や野蛮人がもたらす危険などである。

20世紀初めから、この一連の緊張関係は、西洋の漫画家にとって採掘すべき豊かな鉱脈となってきた。しばしば漫画に、1本か2本のヤシの木しかない小さな無人島で、外の世界から侵入してくる何か皮肉なことについて考え込む漂流者が描かれる。[21]

しかし、無人島と冒険の島が出てくる非常に有名ないくつかの小説には、驚くほどヤシが出てこない。初期の標準的な設定でよく手本にされた、島が重要な位置を占める冒険小説が、ダニエル・デフォーの『ロビンソン・クルーソー』（1719年）である。[22]デフォーはキャベツヤシに言及して「パルメットの木に似たもの」、そして「多数のココヤシの木」があると書いているが、この島は、ヤシでいっぱいにして物語を熱帯の雰囲気にしようとしたのちの挿絵画家や映画監督が大好きなヤシのある島ではない。

同じように、島と海賊についての非常に影響力の大きな子供向けの物語である、ロバート・ルイ

HUSBAND (*wrecked on cannibal island*). "I know a bit of their lingo. They're going to fatten us up."
SLIM WIFE. "Oh, they couldn't be so cruel!"

ヤシは無人島の漫画を描く際に欠かせない要素になった。

ス・スティーヴンソンの『宝島』（1883年）は、遠く離れた「パーム島」に一度言及しているだけだ。「高くそびえ立っているたくさんの松科《まつか》の木」におおわれた宝島自体には「灰色《はいいろ》をした、陰気《いんき》な森がひろがり、さむざむとした岩山がそそり立ち」、主人公のジム・ホーキンスは「はじめてその島をながめた時から、宝島《たからじま》のことなど考えるのもいやになった」（『宝島』坂井晴彦訳／福音館書店）と嘆く。ヤシが登場し始めたのは、ルイス・リード（1857～1926年）がこの本の1915年版の挿絵を描くようになってからである。

　同じようなことは、J・M・バリーの『ピーター・パン――大人にならない少年』にもいえる。これは最初は1904年に舞台演劇として作られ、1911年に小説『ピーターとウェンディ』が出版された。ネバーランドの島には木がたくさんある（ピーターの地下の家には空洞になった幹を通って行く）が、どの文章にもヤシは出てこない。きっと予想外にネバーランドの気候が温暖化したため、40年後には島をおおう植物が変わってしまったのだろう。ディズニーの1953年のアニメーション映画では、ヤシだらけになっている。

この3つの話のパラドックスは、本文には熱帯のヤシが出てこないのに、のちの視覚的表現ではヤシがなくてはならない要素になっていることである。挿絵画家や映画製作者にとって心強いことには、『スイスのロビンソン』（1812年）〔塩谷太郎訳／講談社／1959年〕、『サンゴ島──太平洋の物語 *Coral Island: A Tale of the Pacific Ocean*』（1858年）、『ブルー・ラグーン *The Blue Lagoon*』（1908年）〔映画『青い珊瑚礁』の原作〕のような同じジャンルのほかの小説では、ヤシにもっと重要な役割が与えられている。

今では冒険の島を視覚的に表現するのに、ヤシはなくてはならない存在である。熱帯の冒険という発想を取り入れているテーマパークや映画で、この植物は意外性はないが場面設定に欠かせない重要な要素となっている。世界のテーマパークの中心地であるフロリダ州オーランドは、ウォルト・ディズニー社のマジック・キングダムにある長い歴史をもつアドベンチャーランドと、もっと最近できたライバルであるユニバーサル・スタジオのアイランド・オブ・アドベンチャーのふたつに市の将来を託している。テーマパークの乗り物とそれとセットになったヤシの装飾は、世界中に輸出されてきた。たとえばアイコン的存在である「カリブの海賊」の乗り物は、生まれ故郷のアメリカから、パリ、東京、上海へ渡ってそこでも受け入れられた。この乗り物からは、商業的に成功した

「私は雷に撃たれたように立ちすくんだ」。『ロビンソン・クルーソー』の1930年代の版にこの口絵が登場した頃には、ヤシはこの小説の挿絵に欠くことのできないものになっていた。

21世紀の映画『パイレーツ・オブ・カリビアン』のシリーズも生まれた。これは、1926年の『ブラック・パイレーツ』にまでさかのぼるヤシがたくさん出てくる冒険とスリルに満ちた海賊映画のジャンルの、最新のものである。

『宝島』の出版から5年もたっていない頃、著者は太平洋の本物の熱帯の島々の風景、人々、ヤシに魅了されていた。死後に出版された体験記『南太平洋にて *In the South Seas*』でスティーヴンソンは次のように述べている。

植物のキリン、優美で不格好、ヨーロッパ人の目にはなじみのないココヤシ。浜辺に群生し、険しい山の斜面に房飾りのように並んでいるのが見える……それは、先住民の村を目にするかなり前から、カーブした砂浜の近くやヤシの木立ちのすぐ下に（万国共通のやり方で）立っていた。前方の海は、弧を描くサンゴ礁のくぼんだところでとどろき白く泡立っている。ココヤシの木と島人はどちらも波の愛人であり隣人なのだから。「サンゴは大きくなり、ヤシは育つが、人はいなくなる」という悲しいタヒチの格言があるが、三者はみな耐えられるかぎり長くともに浜辺に住む者である。[23]

今日の旅行業界と観光業界は、熱帯での休暇、エキゾチックで非日常的なレジャー、すばらしい喜びが得られることを示す視覚的指標として、ヤシを使う。それは太陽と海と砂の国、あるいは夢であり、ヤシの木は熱烈な喜びとエロチックな満足が合わさったものの代わりとして使われる。よ

よい生活の証であるトロピカル柄のレジャーシャツに描かれたヤシの木。セントルシアのカストリーズ・マーケット、2016年。

くある一連のイメージとして、たとえば誰もいない砂浜にココヤシが生えていて、波がやさしく打ち寄せ、夕陽が光り輝くというものがある。あるいは、やはり手つかずの砂浜にそびえ立つ2本のヤシの間につるされたハンモック。この場合はキラキラと日の照る空と水晶のように澄んだ青い海が背景になっている。このような眺めには観光客はいないことが多い。いても大勢集まっていることはなく、きっと若い女性がひとり、海に向かって少し傾いたヤシの幹に座っているか横になっている。それか、影を落とすヤシの木のそばの水際にそってカップルが手をつないで散歩している。このような一般化されたイメージは、熱帯の休暇は本物で、自然で、エキゾチックで、官能の喜びへの無限の可能性があると見せかけている。このとき、ほかの観光客は省略され、ホテルや観光産業の労働者とその家族、もっと広い社会はたいてい無視される。同じように、実際の熱帯の海岸線、リゾートの風景の人工物、観光が環境に及ぼす影響は、ヤシの木のイメージの背後に隠される。

たとえばセントルシアやバリでの休暇の土産物としてありそうなのが、ヤシのモチーフで飾られたトロピカル柄の半袖レジャーシャツである。1920年代から30年代にハワイで広まったこの服は、サトウキビとパイナップルのプランテーションの労働者の作業シャツとして始まった——日本人の移民がこの群島にもってきた着物の布から作られることもあった。[24] 第二次世界大戦後にこのシャツはアメリカの映画スターや社長から認められ、数世紀前のココヤシと同じように世界中の熱帯の海岸へ移動し始めて、一般的なレジャー服、そして熱帯で休暇を過ごす成功者の証になった。

広告主も、ほかのものを売るために願望と官能と性欲のアイコンとしてヤシにとびついた。ココナッツ入りチョコレートバーのバウンティーがその例である。1954年の雑誌の広告では、ヤシの葉で縁取られた熱帯のビーチで、若い女性がハンモックに寝そべり、そばには割れて開いたココナッツがある。そして「新しい……遠い国のとてもエキゾチックなチョコレートのごちそう……南の海の島民さえ知らないようなミルキーでジューシーなココナッツを使ったバウンティー」と書かれている。1990年代には、ビーチとヤシが出てくる「パラダイスの味」のテレビコマーシャルが、ロマンチックで性的にもっと露骨なものになっていた。おいしいバウンティー・バーは、うまくいきそうな男女が出会ったばかりの時間を過ごすのにふさわしいというのだ。

広告の場合はヤシのエロティシズムをあまり露骨に表現するわけにはいかないかもしれないが、実験的な画家のジグマー・ポルケ（1941～2010年）は、さまざまな場面でヤシに魅了され、1973年のポルノ版画で、ヤシの木と熱帯の島とセックスの関係をあらわにした。漫画の離れ小島に裸の女性たちとひとりの男性がいて、前景で別の男性が自分の股間から出ている巨大な緑の男根を思わせるヤシの木を驚いて見ている。[25]

小説家も、高く直立しほとばしり出るような青々とした樹冠をもつヤシの、男根を連想させるところを使って、性的奔放さのイメージを伝え強調する場合があった。フランスの作家エミール・ゾラ（1840〜1902年）は、1871年の小説『獲物の分け前』で、これを鮮やかにやってのけている。ヤシとそのほかの熱帯植物でいっぱいのコンサーバトリーという装置を、この小説のふたりの主人公の激しく、抑えきれない、互いへの許されない欲望の舞台と暗喩として使っているのである。

……温室まるごと、熱帯の緑と花々が燃え立つように生い茂り咲き誇るこの処女林の一隅が、発情している。

マクシムとルネは感覚が狂って、力に溢れた大地の婚姻のなかへと引きこまれるような気がした。熊の毛皮ごしに感じられる地面に二人の背中は熱く、丈の高い椰子からは二人の上に熱い雫《しずく》が滴《したた》る。木々の幹に昇ってくる樹液は二人にも浸み込み、たちまちのうちに成長し、こぞって繁殖しようという狂気じみた欲望を吹き込んだ。二人は発情する温室の一部となりつつあった。[26]［『獲物の分け前』中井敦子訳／筑摩書房］

禁じられた恋におけるヤシの役割というテーマの、もっとおとなしい解釈が有名なイギリス映画

『逢びき』（1945年）に見られ、この場合は抑制されていて最終的には不成功に終わる。脚本を書いたノエル・カワード（1899〜1973年）は、魅力があって誘惑的だが、嫌々ながらも拒み抵抗しなければならないものとして、ヤシの概念を使っている。映画の結末でヒロインのローラは、夫のもとへ帰る列車の中でうとうとしながら思い出し、どうなっていただろうと夢見る。

私たちが船の手すりに寄りかかって、海と星を見ているのが見えた。月明かりに照らされたどこか熱帯のビーチに立っていて、私たちの上でヤシの木が溜息のような音をたてている。そしてヤシの木は踏切のすぐ前の運河のそばにあるあの刈り込まれたヤナギに変わり、ばかげた夢はみな消えて、私はケッチワースで降り、切符を渡していつものように家へと歩いた。生真面目に、翼なしに。翼なんてぜんぜんない。[27]

◉ヤシと破滅

ヤシでいっぱいの遠く離れた熱帯の島のもうひとつの光景が、天国かもしれないと思ったものが粗暴な悪夢に変わっていく様子だ。『蝿の王』（1954年）で、ウィリアム・ゴールディングはその過程でヤシに重要な役割を与え、ヤシを使って雰囲気と緊張を生み出している。

風が吹き、椰子の木が言葉をかわした。その声は闇と沈黙のせいでひどく大きく聞こえて耳につく。二本の灰色の幹がこすれあい、昼間には誰も気づかなかった不快な摩擦音を響かせる。[28]
［『蝿の王』黒原敏行訳／早川書房］

牧歌的なものが悪意あるものに変わるというテーマは、アレックス・ガーランドのカルト小説『ビーチ』［村井智之訳／アーティストハウス／1999年］にも潜んでいるが、彼の小説ではヤシはあまり重要な役割を演じていない。しかし、のちの映画では、製作者たちは映画に使うビーチはヤシで飾られた熱帯のパラダイスという彼ら自身と映画ファンの視覚的ステレオタイプと合致していることを要求した。選ばれた場所、タイの沖合にあるピピ諸島のマヤ湾はすばらしい海岸の舞台装置を提供してくれたが、必要とされるシンボルとなるようなヤシがなかった。映画製作者は、一時的に浜にもとからあった植物を取り除き、この場所の景観を整えて100本のココヤシを植え、映画が完成したら抜いて浜を元に戻すということで正式に許可を得た。この計画は抗議の集中砲火を受けることになり、このプロジェクトの環境への影響をめぐる法廷闘争が撮影前から始まって、2000年に映画が公開されたのちも長く続いた。

逆説的だが、現代社会から遠く離れていると想定されている秘密のパラダイスにあるコミューンに関する映画に出てくる、理想的な熱帯の島について西洋人が期待する風景に合わせるために、撮影に選ばれた手つかずの自然のビーチを――ヤシの木を植えて――変えなければならなかった。ココヤシは緊急抗議の「シンボル」になった。[29] この出来事で73本のヤシが使われた。撮影後に復旧されたにもかかわらず、抗議する人々は、ビーチへのダメージは取り返しがつかないと主張した。映画の成功により、たとえヤシがなくてもこのビーチは重要な観光地になり根本的に変わった。2016年にはオフシーズンでも観光客が1日に5000人訪れ、「人が多すぎて環境災害」が発生した。[30]

ヤシはしばしば、熱帯の国での暴力や憎悪を描く映画にとって、中心的な位置を占める植物になった。フランシス・フォード・コッポラによる監督および共同脚本で1979年に公開されたアメリカの戦争映画の大作『地獄の黙示録』の、つかみのオープニングも含めもっとも象徴的なシーンは、ナパーム弾で攻撃されて燃え上がるベトナムの海岸に立つヤシの木のシーンである。別のもっと長いシーンでは、アメリカ軍のヘリコプターと兵士による海岸の村への攻撃と破壊が描かれている。この攻撃を指揮するビル・キルゴア中佐は、ヤシの林から砲撃している迫撃砲によって攻撃が停滞させられているため、無線で「こんちくしょう、あの木が並んでいるところを爆撃してくれ。石器時代へぶっとばしてくれ」と支援を求める。数分後にファントム戦闘機がやってきて爆弾を落とし、ヤシの林は大火災になり、植物とその間に隠れていた人間は焼き殺される。キルゴアはこの破壊に大喜びして、「あれが臭うか？　あれが？　ナパームだ。ほかにあんな臭いがするものは世界にない。朝のナパームの臭いは格別だ[31]」という。

『地獄の黙示録』のナパーム弾のシーンはフィリピンで撮影され、ヤシの林は数百ガロンのガソリンをかけて火をつけ燃やされた。[32]では、ヤシと人間を焼くために使用されたナパームの「パーム」とは？　名前は同じままだが、ベトナム戦争で使用されたナパームには、第二次世界大戦のときに発明された物質とは異なる成分が含まれていた。もともとのナパームは1942年にハーバード大

破壊のシンボルとしてのヤシ：画家アドルフ・トレイドラーによる第二次世界大戦のポスター。

学のルイス・フィーザー（1899～1977年）によって開発された。この名前は、ふたつの成分名の文字を組み合わせて作られた。naphthenate（ナフテン酸塩）の最初の2文字と、palmitate（パルミチン酸塩）の最初の4文字である。この兵器がほかの焼夷弾と違って特別なのは、ゲル化剤を含んでいて、触れたものには何にでもくっつき、非常に高温で燃えるからである。[33] パルミチン酸塩部分は非常に粘着性のあるゲルを作る働きをする。パルミチン酸塩のもとになるパルミチン酸は多くの天然物質に含まれているが、ろうそくを改良していたフランスの化学者エドモンド・フレミー（1814～1894年）によって、1840年にパルミティーク——ヤシの茎の髄——から抽出された鹸化されたパーム油で発見された。

映画『地獄の黙示録』は1979年のカンヌ映画祭で、もうひとつのヤシ、パルム・ドールを受賞した。毎年の映画祭（ヤシで飾られた海岸ぞいの大通りであるクロワゼット通りのそばで開催される）のロゴも最高賞のトロフィーも、この都市の紋章にあるシュロの葉を参考にしていて、紋章自体は、近くの地中海の島にあるレラン修道院が昔このシンボルを使ったことに由来する。この修道院を設立した聖ホノラトゥス（350頃～429年）が、堕落したこの島を海が清めるようにと祈ると、祈りは聞き届けられ、彼は銀のヤシに登って上昇する水を逃れたといわれている。[34]

聖ホノラトゥスの島の奇跡とデロス島でのアポロン誕生の物語が示しているように、ヤシの木が出てくる現代の島の幻想的な物語は、何千年も前の話がもとになっている。

謝辞

本書を書くのに、タヒナヤシ（*Tahina spectabilis*）やコウリバヤシ（*Corypha umbraculifera*）が開花するまでにかかる年月ほど多くの時間はかからなかったが、完成まではとんでもなく長い期間を要した。リアクション・ブックスのマイケル・リーマンには途方もない忍耐に感謝の意を表したい。また、彼の同僚たちにも、私の言葉を本にしてくれたことに感謝する。

サセックス大学の大勢の友人と同僚から、ヤシに関する有益な助言や意見をいただいた。マイク・ボイス、ペルセフォネ・ディーコン、故ジャイルズ・ディキンズ、トニー・フィールディング、リヴァー・ジョーンズ、ローレンス・コフマン、故クリス・マーリン、ジェフリー・ミード、ケイト・オリオーダン、サラ・パーカー、デイヴィッド・ラドリング、マーティン・ライル、ポール・イエーツといった人たちである。とくにアレクサンドラ・ロスケには、ヤシについていろいろ教えていただき、ブライトンのロイヤル・パビリオンを案内して鋳鉄のヤシの木を見せ、ツヴィーファルテン修道院の懺悔室やポツダムのサンスーシ公園にある中国茶館など、ドイツにおけるヤシの装飾的な使用について手ほどきしていただいたことを感謝する。

ジュリア・バーフィールドとデイヴィッド・マークス、ホープ・イビーウッチ・ビールズ、ロズ・シップウェイ、アラン・ブローディ、ハンナ・ビューデンベンダー、フランクとオンラー・コフィー、エリザベス・

ドレイパー、ジム・ヒース、トム・ホランド、オードリーとデイヴィッド・シンプソン、ケイト・ソーパー、スティーヴン・ウォーカー、デイヴィッド・ウォードとゲーリー・ウィンター、アルダースゲート外の聖ボトルフ教会に本部を置くクリスチャン・ヘリテージ・ロンドンのキース・バリー、セントルシアのクルト・「アイランド・マン」・ジョセフ、キュー王立植物園のクリストファー・ミルズ、コーンウォール州にあるトレバー・ガーデンのニッキー・ウォートン、オーストラリアのケアンズにあるパーム・コーブのベン・ウィルソンにも、貴重な資料を提供し、考え方についてご教示いただいた。植物学に関し不明確な点がある場合は、王立植物園のヒュー・プリチャードがその章について親切に解説してくれた。原稿を読んで意見をいってくれたメアリー・ホアーにとくに感謝する。

ジャミーラ・アル・アードヴァーニーとロン・グレイ、トリスタン・フレンチとフレデリカ・グレイ、そしてホーリーとジャックとスティーヴン・グレイといった家族がときどきヤシ仲間になってくれたし、キャロル・グレイはいつも旅の道連れになって、さまざまな現実および想像のヤシの国に同行してくれた。

訳者あとがき

　本書『ヤシの文化誌』（原題 *Palm*）は、イギリスの出版社 Reaktion Books から刊行されている Reaktion's Botanical シリーズの一冊です。さまざまな花や樹木を取り上げて、人間とのかかわりを歴史、文化、暮らしなどの側面から考えるシリーズで、原書房から「花と木の図書館」として邦訳版が順次刊行されています。

　本書の著者フレッド・グレイは、イギリス有数の海浜リゾート、ブライトンの近郊にあるサセックス大学の名誉教授で、イギリスおよび世界の海辺のリゾートと建築に関心をもち、このテーマに関する著書を出版しています（残念ながら邦訳は出ていません）。

　ヤシといえば……ロマンチックな南国の海辺、夕焼けに映えるあの独特のシルエット。そして、あるコメディ映画の場面なのですが、小舟で釣りに出たふたりが漂着した無人島に日陰といえばヤシの木の下しかなく、太陽が移動するにつれて動く細い影に合わせて人間も……と、日常とはかけ離れたものしか思い浮かびません。日本でヤシを見かけるといえば、植物園の大温室か九州旅行のときぐらいでしょうか。

　いえいえ、それは大きな間違いで、日本庭園にだってあるシュロもれっきとしたヤシ科の植物です。本書でも、中国と日本原産のシュロが、耐寒性があって温帯でも野外で栽培できるヤシとしてヨーロッパに広まった経緯が紹介されています。それに、じつはうちの近くにある大学のシンボルはフェニックスで、実際に立派なヤシが植えられています。フェニックスというのはカナリーヤシの別名（属名）だそうで、カナリー諸島（北西アフリカ沖）原産のヤシですが、現在では地中海沿岸のコート・ダジュールやアメリカのカリフォルニアでも街路樹や庭木としてたくさん植えられています。

ヤシ類、つまりヤシ科の植物は、温帯原産のシュロ属を別にすれば、中東～東南アジアや南太平洋の島など熱帯～亜熱帯原産の植物です。それがどうして世界各地の街並みを飾り、植物園の大温室になくてはならない植物になったのでしょう。ヤシがヨーロッパにもたらされ、さらには世界のあちこちに広まっていった様子を見ていくと、いわゆる大航海時代の探検と発見、植民地化と帝国主義、さらには資本主義とプランテーションといった、ヨーロッパとアフリカやアジアとの関係の歴史をたどることになります。

本書では、パーム油の原料になるアブラヤシのプランテーションが熱帯雨林やそこに住む人々に及ぼす影響、そしてそれに対する環境保護団体の主張や活動についても詳しく説明しています。先頃（2022年4月末）、ロシアのウクライナ侵攻の影響でヒマワリ油の不足が予想されるため、インドネシアが国民の食用油を確保する目的でパーム油の輸出を禁止するというニュースを聞き、私は驚いてしまいました。禁止はすでに解除されましたが、パーム油が洗剤や加工食品の原料として私たちの生活に不可欠なものになっていること、かつては西アフリカが中心だったのが今ではインドネシアが最大の生産国でそこでは食用油として使われていることなどを本書で知ったので、「これは一大事！」と思ったのです。

　ヤシはさまざまな製品の原料となっているだけでなく、ヨーロッパでは古くから勝利のシンボルとされ、観賞用の植物や装飾のモチーフとして世界中で愛されています。映画『ドライブ・マイ・カー』がカンヌ国際映画祭で惜しくも最高賞のパルム・ドールを逃したものの脚本賞などを受賞したことは記憶に新しいですが、この「パルム・ドール」は日本語にすれば「黄金のヤシ」です。なぜヤシなのか？　勝利のシンボルということのほかに、聖人の伝説やカンヌの紋章が関係あるようです。

　本書を読むと、なんとなく遠い存在だったヤシがじつはいろいろな面でとても身近な存在であり、興味深い歴史をもっていることがわかってきます。美しい写真や絵もたくさん紹介されていますので、楽しんでいただきたいと思います。

　最後になりましたが、翻訳にあたり原書房の善元温子さんには大変お世話になりました。この場を借りてお礼申し上げます。

上原ゆうこ

２０２２年６月

232; © Victoria & Albert Museum, London: p. 96; Wellcome Library, London: pp. 15, 25, 32, 46, 100, 115; from Matthew Digby Wyatt, *Views of the Crystal Palace and Park, Sydenham* (London, 1854): p. 191; Yale Center for British Art, Paul Mellon Fund: p. 90; Gryffindor, the copyright holder of the image on p. 195, CEphoto, Uwe Aranas, the copyright holder of the image on p. 148, and Taengeiposaim, the copyright holder of the image on p. 133, have published them online under conditions imposed by a Creative Commons Attribution-Share Alike 3.0 Generic License; T. R. Shankar Raman, the copyright holder of the image on p. 149, has published it under conditions imposed by a Creative Commons Attribution-Share Alike 4.0 Generic License.

写真ならびに図版への謝辞

著者と出版社は、下記の図版資料の提供元とそれを複製する許可に謝意を表したい。

From Jean Barbot, *A Description of the Coasts of North and South-Guinea: and of the Ethiopia Inferior, Vulgarly Angola . . .* (London, 1732): p. 81; Basel Mission Archives (ref. no. QD-34.001.0019): p. 107; © Hope Ibeawuchi Beales: pp. 102, 126, 128; © Daniel Beltrá (courtesy of Catherine Edelman Gallery, Chicago): p. 144; Brooklyn Museum: p. 59; © Rhett A. Butler, Mongabay: pp. 124, 136, 138; Centre for the Study of World Christianity, University of Edinburgh: p. 108; Craig, via Wikimedia Commons: p. 142; Dixson Galleries, State Library of New South Wales, Australia: p. 84; © Eden Project: p. 207; courtesy Getty Open Content Program: pp. 65, 67, 71; Fred Gray: pp. 6, 9, 10, 12, 19, 20, 28, 30, 31, 34, 35, 37, 60, 80, 119, 155, 156, 162, 171, 173, 177, 178, 179, 182, 194, 198, 201, 203, 205, 215, 218, 224, 226; Carol M. Highsmith collection/Library of Congress, Washington, dc: pp. 36, 160, 163; Kunsthalle, Hamburg: p. 192; © David Hockney/Collection Tate Gallery, London: p. 7; from Louis van Houtte, *Flore des serres et des jardins de l'Europe*, vol. v (Ghent, 1849): p. 4; from Hermann Adolph Köhler, *Köhler's Medizinal-Pflanzen in naturgetreuen Abbildungen mit kurz erläuterndem Texte: Atlas zur Pharmacopoea germanica etc . . .*, vol. iii (Gera, 1887): pp. 83, 104; Library of Congress, Washington, DC: pp. 44 (top and bottom), 44, 58, 92, 199; courtesy © Alexandra Loske: pp. 211, 212; from Carl Friedrich Philipp von Martius, *Historia naturalis palmarum*, vols i–ii (Leipzig, 1823–50): p. 22; Metropolitan Museum of Art, New York: pp. 39, 47, 49, 51, 54, 57, 64, 68, 73, 106, 120, 152, 210, 217; from Sophy Moody, *The Palm Tree* (London, 1864): pp. 18, 97; from *Mr Punch on his Travels* (New Punch Library, *c*. 1930): p. 222; NASA: p. 137; NASA/GSFC/METI/ERSDAC/JAROS and U.S./Japan ASTER Science Team: p. 220; New York Public Library Digital Collections: p. 16; Rijksmuseum, Amsterdam: pp. 74, 86; from Sylvia Leith-Ross, *African Conversation Piece* (1944): p. 111; The Royal Pavilion, Art Gallery and Museums, Brighton: p. 213; Science Museum/London Wellcome Images: pp. 14, 76; from Berthold Seemann, *Popular History of the Palms and Their Allies* (London, 1856): pp. 99, 186; courtesy Trebah Garden, Cornwall: p. 175; U.S. National Archives and Records Administration: p.

co, CA, 2015)
Religious Tract Society, *The Palm Tribes and Their Varieties* (London, 1852)
Riffle, Robert Lee, Paul Craft and Scott Zona, *The Encyclopedia of Cultivated Palms* (Portland, OR, 2012)
Roundtable on Sustainable Palm Oil, *Impact Update 2016* (Kuala Lumpur, 2016)
Union of Concerned Scientists, *Fries, Face Wash, Forests: Scoring America's Top Brands on Their Palm Oil Commitments* (Cambridge, MA, 2015)
Wallace, Alfred Russel, *Palm Trees of the Amazon and Their Uses* (London, 1853)
WWF, *Palm Oil Buyers Scorecard: Measuring the Progress of Palm Oil Buyers* (Gland, 2016)

参考文献

現在、ヤシに関しては膨大な数の文献がある。たとえば、ココナツオイルの栄養上の利点を称賛する何十冊もの本から、ナツメヤシとアブラヤシの科学と商業的利用に関する詳細なマニュアルまで、さまざまなものがある。ここにあげる本には、特定のトピックに関するいくつかのわかりやすい事例研究、19世紀のヤシの名著、パーム油をめぐる激しい論争についてさまざまな切り口で伝える現代の報告などがある。

Dransfield, John, Natalie W. Uhl, Conny B. Asmussen, William J. Baker, Madeline M. Harley and Carl E. Lewis, *Genera Palmarum: The Evolution and Classification of Palms* (London, 2008)

Farmer, Jared, *Trees in Paradise: A California History* (New York, 2013)

Greenpeace, *Licence to Kill: How Deforestation for Palm Oil is Driving Sumatran Tigers Toward Extinction* (Amsterdam, 2013)

—, *Cutting Deforestation Out of the Palm Oil Supply Chain: Company Scorecard* (Amsterdam, 2016)

Greenpeace India, *Frying the Forest: How India's use of Palm Oil is having a Devastating Impact on Indonesia's Rainforests, Tigers and the Global Climate* (Bengaluru, 2012)

Kohlmaier, Georg, and Barna von Sartory, *Houses of Glass: A Nineteenth-century Building Type* (Cambridge, MA, 1986)

Koppelkamm, Stefan, *Glasshouses and Wintergardens of the Nineteenth Century* (St Albans, 1981) [『人工楽園：19世紀の温室とウィンターガーデン』堀内正昭訳／鹿島出版会]

Lack, Walter H., and Petra Lamers-Schutze, *Martius: The Book of Palms* (Cologne, 2010)

Lynn, Martin, *Commerce and Economic Change in West Africa: The Palm Oil Trade in the Nineteenth Century* (Cambridge, 1997)

Moody, Sophy, *The Palm Tree* (London, 1864)

Pye, Oliver, and Jayati Bhattacharya, eds, *The Palm Oil Controversy in Southeast Asia: A Transnational Perspective* (Singapore, 2013)

Rainforest Action Network, *Testing Commitments to Cut Conflict Palm Oil* (San Francis-

年表

1億年前	知られている最古のヤシの化石。白亜紀のもので、葉と茎がある。
約5600万～約3400万年前	始新世にはヤシが豊富にあって広く分布し、今日存在する属もあった。
紀元前6000年頃	考古学的遺物から人類がナツメヤシを利用していたことがわかり、おそらく野生のものを収穫していた。
紀元前4500～3500年	肥沃な三日月地帯でナツメヤシ（*Phoenix dactylifera*）の栽培化。
紀元前3000年	西アフリカ産のパーム油が入った瓶が、埋葬品としてエジプトのアビドスにある墓に置かれる。
紀元前500年頃	ナツメヤシがヨーロッパ南部にもたらされる。
800年頃	最初のココナツ（ココヤシの核果）がヨーロッパへやってくる。
1460～82年	ポルトガルの探検家が西アフリカの海岸へ旅し、アブラヤシ（*Elaeis guineensis*）とアフリカ人によるその油の利用について報告する。
1490年代	最初のヨーロッパ人がアメリカ大陸へ行ってまもなく、ナツメヤシが新世界に植えられる。
1499年	ヨーロッパへ帰る途中のポルトガル人旅行者が、インドのココナツをカーボベルデ諸島へもたらす。そこからほかの熱帯の大西洋沿岸へ広められる。
1565年頃	スペインの航海者がココナツをフィリピンから太平洋を渡って南アメリカへ運ぶ。
1568年	チャボトウジュロ（*Chamaerops humilis*）が、イタリアのパドヴァ大学にある世界で最初の植物園に植えられる。
1769年	カリフォルニア州サンディエゴにセラ神父によって最初のヤシが植えられる。
1780年代	樽に入ったパーム油がロンドンで競売にかけられる。
1818年	世界最大のパーム・ハウスがジョン・クラウディス・ラウドンによって設計され、ロンドンにあるロッディジーズの

園芸会社のために建設される。

1822年	ジョン・ナッシュによるブライトンのロイヤル・パビリオンの改装が完了する。多数のヤシのモチーフが建物の内部を飾り、抽象化されたヤシの木のように装飾された鋳鉄製の柱もある。
1823年	カール・フリードリヒ・フィリップ・フォン・マルティウスの『ヤシの自然史』の第1巻の出版。翌年、マルティウスはヤシの最初の重要な分類体系を発表する。
1848年	東南アジアへアブラヤシが到来。アムステルダムから4本がジャワへ送られ、バイテンゾルフ植物園で観賞植物として用いられる。西ロンドンでキュー王立植物園のパーム・ハウスがオープンする。
1849年	植物収集家のロバート・フォーチュンが、耐寒性のあるワジュロ（*Trachycarpus fortunei*）の見本を中国からイギリスへ送る。その後、この種はイギリスの多くの地域やそのほかの温帯気候の場所に植えられて成功した。
1853年	アルフレッド・ラッセル・ウォレスの『アマゾンのヤシの木とその用途』が出版される。当時、知られているヤシの種は600より少ないとされていたが、ウォレスはもっと正確な数は2000だろうと考えていた。
1856年	バートホルト・ジーマンによる『ヤシとその仲間の話』の出版。
1864年	カナリーヤシ（*Phoenix canariensis*）がヴィジェ子爵によってニースに帰化させられ、その後、コート・ダジュールで海岸ぞいの多くの通りを飾るのに使われる。
1884年	パーム油などを原料とするサンライト洗濯石鹸が、イギリスのリーバ・ブラザーズ社によって生産される。ダブリンの植物園で大パーム・ハウスがオープンする。
1898年	アメリカでB. J. ジョンソンが化粧石鹸パーモリーブの生産を始める。
1902年	化学的水素添加処理が発明され、液状の植物油（パーム核油とココナツオイルも含む）を、マーガリンの生産や製パン所で使われる固体および半固体の脂肪に変えることが可能になる。

1909年	ウィリアム・リーヴァーがベルギー領コンゴに最初のアブラヤシのプランテーションを開く。
1917年	東南アジアで最初のアブラヤシの商業的栽培。
1931年	240キロあるロサンゼルスの大通りに2万5000本以上のヤシの木が植えられる。
1946～8年	アンリ・マティスが晩年のキャンバス画のいくつかで、コート・ダジュールのヴィラの室内と仕事場の窓から見えるカナリーヤシを描いた一連の静物画を描く。
1958年	日本で、パーム油を重要な材料として使う即席麺が発明される。
1960年代中頃	西アフリカが支配的なパーム油生産国の地位を長く維持し、ナイジェリアが世界の生産量の40パーセント以上を占める。
1967年	デイヴィッド・ホックニーが、プールと現代的な家とヤシの木がある独創的な絵画《ビガー・スプラッシュ》を制作し、典型的なカリフォルニアの昼下がりを表現する。
1980～88年	イランとイラクの間の長引く武力紛争により、両国のもっとも重要なナツメヤシ栽培地域で多くのプランテーションが破壊されるか大きな被害を受ける。その後も、広がって紛争が続いて、ナツメヤシが最初に栽培化された地域でデーツの生産が打撃を受け続ける。
2001年	イングランド南西部のコーンウォール州に「世界最大の温室」エデン・プロジェクトがオープンする。ヤシとそのほかの熱帯植物が入れられた雨林バイオームは高さが55メートルある。アラブ首長国連邦ドバイの海岸沖で人工のパーム・アイランドの建設が始まる。最初の島であるパーム・ジュメイラは2014年に完成。
2007年	マダガスカルで、35～50年かかって1度開花したのち枯れる「自殺ヤシ」として注目されるタヒナヤシ（*Tahina spectabilis*）が発見される。絶滅の危機に瀕しており、野生状態では成熟したものは約30個体しかない。2年後、キュー王立植物園が新種のヤシを24種発見したと発表し、そのうち20種はマダガスカル産。
2008年	ジョン・ドランスフィールドと同僚が、『ジェネラ・パルマルム：ヤシの進化と分類』の第2版でヤシの新しい分類体

	系を提示し、ヤシの183属について詳述する。
2010年頃	ヨーロッパとカリフォルニアの観賞用のカナリーヤシで害虫と病気の被害がしだいに増える。カリブ海とフロリダで枯死性黄化病が徐々にココヤシを荒廃させる。
2014年	パーム油の生産量が1964年から50年で50倍に増えて6100万トンを超え、インドネシアとマレーシアが世界の供給量の85パーセントを生産するようになる。今では国際取引されるすべての植物油の60パーセント以上をパーム油が占める。
2015年	インドネシアではこの年の最初の9ヶ月で10万件の火事が人工衛星によって確認され、大多数がアブラヤシのプランテーションに使われる泥炭地地域で発生している。

注

第1章　植物のプリンス

1　Georg Kohlmaier and Barna von Sartory, *Houses of Glass: A Nineteenth-century Building Type* (Cambridge, MA, 1986), p. 49.

第2章　巨大な草を解剖する

1　Religious Tract Society, *The Palm Tribes and their Varieties* (London, 1852), p. 100で引用 .

2　Global Biodiversity Information Facility, 'Latania lontaroides', www.gbif.org（2016年1月3日アクセス）.

3　Alfred Russel Wallace, *Palm Trees of the Amazon and Their Uses* (London, 1853), p. 1.

4　John Dransfield, Natalie W. Uhl, Conny B. Asmussen, William J. Baker, Madeline M. Harley and Carl E. Lewis, *Genera Palmarum: The Evolution and Classification of Palms* (London, 2008), pp. 131–9.

5　同上 , pp. 91–103.

6　T. K. Broschat, M. L. Elliott and D. R. Hodel, 'Ornamental Palms: Biology and Horticulture', *Horticultural Reviews*, XLII, ed. Jules Janick (2014), pp. 1–120.

7　Dransfield et al., *Genera Palmarum*, p. 106.

8　Mark Riley Cardwell, 'Trees of the Amazon Rainforest – In Pictures', www.theguardian.com, 29 October 2013.

9　Dransfield et al., *Genera Palmarum*, p. 363.

10　Dennis V. Johnson, *Tropical Palms* (Rome, 1998).

11　Michael J. Balick, 'The Use of Palms by the Apinaye and Guajajara Indians of Northeastern Brazil', *Advances in Economic Biology*, VI (1988), pp. 65–90.

12　Richard Evan Schultes, 'Palms and Religion in the Northwest Amazon', *Principes*, xviii/1 (1974), pp. 3–21.

13　Edward Balfour, *The Timber Trees, Timber and Fancy Woods, as also, the Forests of India and of Eastern and Southern Asia,* 3rd edn (Madras, 1870), p. 40.

第3章　文明とナツメヤシ

1 Daniel Zohary, Maria Hopf and Ehud Weiss, *Domestication of Plants in the Old World: The Origin and Spread of Domesticated Plants in Southwest Asia, Europe, and the Mediterranean Basin*, 4th edn (Oxford, 2012), p. 134.

2 Victor Hehn, *Cultivated Plants and Domesticated Animals in Their Migration from Asia to Europe* (Amsterdam, 1976), p. 202.

3 April Holloway, 'Extinct Tree Resurrected from Ancient Seeds is Now a Dad', www.ancient-origins.net, 29 March 2015.

4 Zohary et al., *Domestication of Plants*, pp. 131–2.

5 August Henry Pruessner, 'Date Culture in Ancient Babylonia', *American Journal of Semitic Languages and Literatures*, XXXVI/3 (1920), pp. 213–32.

6 Pruessner, 'Date Culture'; Joshua J. Mark, 'Ashurnasirpal II', www.ancient.eu, 9 July 2014.

7 Barbara Nevling Porter, 'Sacred Trees, Date Palms, and the Royal Persona of Ashurnasirpal II', *Journal of Near Eastern Studies*, LII/2 (1993), pp. 129–39.

8 Lloyd Weeks, 'Arabia', in *The Cambridge World Prehistory*, ed. Colin Renfrew and Paul Bahn (Cambridge, 2014), pp. 1596–616.

9 Irfan Shadid, 'Pre-Islamic Arabia', in *The Cambridge History of Islam*, vol. IA, ed. P. M. Holt et al. (Cambridge, 1977), pp. 3–29.

10 W. H. Barreveld, *Date Palm Products* (Rome, 1993).

11 Herodotus, *An Account of Egypt*, trans. G. C. Macaulay [1904] (ebook, 2006).

12 H. C. Hamilton and W. Falconer, 'Strabo, Geography', www.perseus.tufts.edu（2016年6月1日アクセス）.

13 ' Date Palm', www.iranicaonline.org（2012年12月8日アクセス）.

14 同上.

15 Porter, 'Sacred Trees'; Mariana Giovino, *The Assyrian Sacred Tree: A History of Interpretations* (Gottingen, 2007); Lincoln Taiz and Lee Taiz, *Flora Unveiled: The Discovery and Denial of Sex in Plants* (New York, 2017), p. 222.

16 Nawal Nasrallah, *Dates: A Global History* (London, 2011).

17 Wafaa M. Amer, 'History of Botany Part 1: The Date Palm in Ancient History', www.levity.com（2014年7月20日アクセス）.

18 Taiz and Taiz, *Flora Unveiled*, p. 279で引用.

19 Edward William Lane, trans., *The Thousand and One Nights, Commonly Called, in England, the Arabian Nights' Entertainments* (London, 1839), p. 219.

20 Suleiman A. Mourad, 'Mary in the Qur'an: A Reexamination of her Presentation', in *The Qur'an in Its Historical Context*, ed. Gabriel Said Reynolds (Abingdon, 2008), pp. 167–73; Tom Holland, *In the Shadow of the Sword: The Battle for Global Empire and the End of the Ancient World* (London, 2012), pp. 48–9.
21 'Leto', www.theoi.com（2014年11月24日アクセス）.
22 'The Gospel of Pseudo-Matthew', at www.gnosis.org（2014年11月24日アクセス）.
23 同上.
24 Mourad, 'Mary in the Qur'an', p. 169.
25 Richard Cronin, 'Edward Lear and Tennyson's Nonsense', in *Tennyson Among the Poets: Bicentenary Essays*, ed. Robert Douglas-Fairhurst and Seamus Perry (Oxford, 2009), pp. 259–79.
26 'FAOSTAT: Crops', www.fao.org（2016年12月17日アクセス）; Muhammad Siddiq, Salah M. Aleid and Adel A. Kader, *Dates: Postharvest Science, Processing Technology and Health Benefits* (Chichester, 2014) も参照せよ.
27 Shri Mohan Jain, Jameel M. Al-Khayri and Dennis V. Johnson, *Date Palm Biotechnology* (London, 2011); Layla Eplett, 'Save the Date: Preventing Heirloom Date Palm Extinction in Egypt's Siwa Oasis', www.scientificamerican.com, 17 November 2015.
28 'Date Palm', www.iranicaonline.org; Wassim Bessem, 'Iraqi Dates Shrivel Awaiting Production Means', www.al-monitor.com, 10 August 2015; Hannah Allam, 'War Uproots Iraq's Signature Date Palms, and Their Tenders', www.mcclatchydc.com, 23 June 2010.

第4章　西洋人による発見

1 'Palm', www.etymonline.com（2012年7月3日アクセス）.
2 'Date', www.oed.com（2012年7月4日アクセス）.
3 Mary Clayton, *The Apocryphal Gospels of Mary in Anglo-Saxon England* (Cambridge, 1999).
4 M. Bradford Bedingfield, *The Dramatic Liturgy of Anglo-Saxon England* (Woodbridge, 2002), p. 107.
5 John Onians, *Bearers of Meaning: The Classical Orders in Antiquity, the Middle Ages, and the Renaissance* (Princeton, NJ, 1988), p. 76; Charles B. McClendon, *The Origins of Medieval Architecture: Building in Europe, AD 600–900* (New Haven, CT, 2005), pp. 132–6.

6 D. Rivera et al., 'Historical Evidence of the Spanish Introduction of Date Palm (*Phoenix dactylifera* L., Arecaceae) into the Americas', *Genetic Resources and Crop Evolution*, LX (2013), pp. 1433–52.

7 Emily Aleev-Snow, 'Exploring Coconut Migration Patterns: A Falcon-shaped Standing Cup', www.unmakingthings.rca.ac.uk（2016年1月1日アクセス）.

8 Michael Graves-Johnston, 'Early Africa Travel Literature', www.ilab.org, 22 June 2011.

9 Rivera et al., 'Historical Evidence of the Spanish Introduction of Date Palm'.

10 Heidi Trent and Joey Seymour, 'Examining California's First Palm Tree: The Serra Palm', *Journal of San Diego History*, LVI/3 (2010), pp. 105–20.

11 Gonzalo Fernandez de Oviedo, *Natural History of the West Indies*, ed. And trans. Sterling A. Stroudemire (Chapel Hill, NC, 1959), p. 83.

12 Antonio Pigafetta, *Magellan's Voyage Around the World*, trans. James Alexander Robertson (Cleveland, OH, 1906), p. 101.［『マゼラン最初の世界一周航海』長南実訳／岩波書店］

13 G. Hartwig, *The Polar and Tropical Worlds: A Description of Man and Nature in the Polar and Equatorial Regions of the Globe* (Philadelphia, PA, 1871), p. 539.

14 Bee F. Gunn, Luc Baudouin and Kenneth M. Olsen, 'Independent Origins of Cultivated Coconut (*Cocos nucifera* L.) in the Old World Tropics', www.journals.plos.org, 22 June 2011.

15 Charles R. Clement et al., 'Coconuts in the Americas', *Botanical Review*, LXXIX/3 (2013), pp. 342–70.

16 'The Voyage and Trauell of M. Casar Fredericke, Marchant of Venice, into the East India, and beyond the Indies', in *The Principal Navigations, Voyages, Traffiques and Discoveries of the English Nation*, vol. ix, coll. Richard Hakluyt, ed. Edmund Goldsmid, ebook (Adelaide, 2014).

17 同上.

18 Jean Barbot, *A Description of the Coasts of North and South-Guinea: And of the Ethiopia Inferior, Vulgarly Angola: Being a New and Accurate Account of the Western Maritime Countries of Africa . . .* (London, 1732), p. 202.

19 同上.

20 同上.

21 Sir Charles Lawson, *Memories of Madras* (London, 1905), p. 240.

22 Ali Foad Toulba, *Ceylon, the Land of Eternal Charm* (London, 1926), p. 135.

23 Robert Kerr, *A General History and Collection of Voyages and Travels, Arranged in Systematic Order: Forming a Complete History of the Origin and Progress of Navigation, Discovery, and Commerce, by Sea and Land, from the Earliest Ages to the Present Time* (Edinburgh, 1824). vol. ii, pp. 230–31.
24 Sir Joseph Banks, *The Endeavour Journal of Sir Joseph Banks*, www.gutenberg.net.au（2015年7月10日アクセス）.
25 Ian E. Henson, 'A Brief History of the Oil Palm', in *Palm Oil: Production, Processing, Characterization, and Uses*, ed. Oi-Ming Lai et al. (Urbana, IL, 2012), pp. 1–30.
26 R.H.V. Corley and P.B.H. Tinker, *The Oil Palm* (London, 2008).
27 Martin Lynn, *Commerce and Economic Change in West Africa: The Palm Oil Trade in the Nineteenth Century* (Cambridge, 1997), p. 1.
28 Barbot, *A Description of the Coasts of North and South-Guinea*, p. 204.
29 Hans Sloane, *A Voyage to the Islands Madera, Barbados, Nieves, S. Christophers and Jamaica, with the Natural History of . . . the Last of Those Islands* (London, 1725), vol. ii, p. 114.
30 John Adams, *Remarks on the Country Extending from Cape Palmas to the River Congo: Including Observations on the Manners and Customs of the Inhabitants* (London, 1823), pp. 171–2.
31 Griffith Hughes, *The Natural History of Barbados* (London, 1750), p. 112.
32 Sloane, *A Voyage*, p. 114.
33 *The Times*, 30 December 1800.

第5章　帝国と有用性

1 C. R. Fay, *Palace of Industry, 1851: A Study of the Great Exhibition and Its Fruits* (Cambridge, 1951), p. 47で引用.
2 Robert Ellis, *Official Descriptive and Illustrated Catalogue of the Great Exhibition of the Works of Industry of All Nations, 1851* (London, 1851), vol. iii, p. 687.
3 Religious Tract Society, *The Palm Tribes and Their Varieties* (London, 1852), p. 190.
4 Sophy Moody, *The Palm Tree* (London, 1864), p. xiii.
5 Edward Forbes, 'On the Vegetable World as Contributing to the Great Exhibition', in *The Art Journal Illustrated Catalogue: The Industry of All Nations* (London, 1851), pp. i–viii, p. iii より引用.

6 同上 , pp. iv–v.

7 J. G. Strutt, ed., *Tallis's History and Description of the Crystal Palace and the Exhibition of the World's Industry in 1851* (London, 1852), p. 133.

8 Thomas Treloar, *The Prince of Palms: Being a Short Account of the Cocoa-nut Tree, Showing the Uses to Which the Various Parts are Applied, Both by the Natives of India and Europeans* (London, 1852), p. 3.

9 Hugh C. Harries, 'Fun Made the Fair Coconut Shy', *Palms*, xlviii/2 (2004), pp. 77–82.

10 Strutt, *Tallis's History*, p. 176.

11 同上 .

12 John Adams, *Remarks on the Country Extending from Cape Palmas to the River Congo: Including Observations on the Manners and Customs of the Inhabitants* (London, 1823), p. 143.

13 Allan McPhee, *The Economic Revolution in British West Africa* (London, 1926), p. 25.

14 同上 , p. 35.

15 Martin Lynn, *Commerce and Economic Change in West Africa: The Palm Oil Trade in the Nineteenth Century* (Cambridge, 1997), pp. 39–59.

16 同上 , p. 3.

17 同上 , p. 66.

18 同上 , p. 89.

19 Stephanie Newell, 'Dirty Whites: "Ruffian-writing" in Colonial West Africa', *Research in African Literatures*, XXXIX/4 (2008), pp. 1–13.

20 *The Times*, 2 April 1798.

21 *The Times*, 20 November 1828.

22 Lynn, *Commerce and Economic Change*, p. 124.

23 Alan Pim, *The Financial and Economic History of the African Tropical Territories* (Oxford, 1940), p. 39で引用 .

24 Lynn, *Commerce and Economic Change*.

25 Charles Wilson, *The History of Unilever* (London, 1954), vol. I, p. 31. [『ユニリーバ物語』上田昊訳／幸書房]

26 Colin Bell and Rose Bell, *City Fathers: The Early History of Town Planning in Britain* (Harmondsworth, 1972), p. 285.

27 Adam Macqueen, *The King of Sunlight: How William Lever Cleaned up the World*

(London, 2004), p. 74.

28 Gillian Darley, *Villages of Vision* (London, 1978), pp. 140–44.

29 Lynn, *Commerce and Economic Change*, p. 3.

30 Anne McClintock, *Imperial Leather: Race, Gender and Sexuality in the Colonial Context* (London, 1995).

31 Adam Hochschild, *King Leopold's Ghost: A Story of Greed, Terror and Heroism in Colonial Africa* (London, 1998); および Aldwin Roes (2010) 'Towards a History of Mass Violence in the Etat Indépendant du Congo, 1885–1908', *South African Historical Journal*, LXII/4 (2010), pp. 634–70を参照せよ．

32 Wilson, *The History of Unilever*, vol. i, p. 179.

33 William Hulme Lever, *Viscount Leverhulme: By His Son* (London, 1927), p. 173で引用．

34 同上, p. 172.

35 Charles Wilson, *The History of Unilever*, vol. II, p. 324.

36 Macqueen, *The King of Sunlight*, p. 205.

37 Jules Marchal, *Lord Leverhulme's Ghosts: Colonial Exploitation in the Congo* (London, 2008).

38 Philip Ward-Jackson, *Public Sculpture of the City of London* (Liverpool, 2003), p. 281. Phillip Medhurst, 'Walter Gilbert Main Inventory', www.scribd.com, 10 July 2009も参照せよ．

39 Todd Kuchta, *Semi-detached Empire: Suburbia and the Colonization of Britain, 1880 to the Present* (Charlottesville, VA, 2010), pp. 111–12.

40 K. G. Berger and S. M. Martin, 'Palm Oil', in *The Cambridge World History of Food*, vol. i, ed. Kenneth F. Kiple and Kriemhild Coneè Ornelas (Cambridge, 2000), pp. 397–410. [『ケンブリッジ世界の食物史大百科事典』石毛直道ほか監訳／朝倉書店]

41 Pim, *Financial and Economic History*, p. 88より引用．

42 同上, p. 75より引用．

第6章　トラ、プランテーション、即席麺について

1 Hillary Rosner, 'Palm Oil is Everywhere: This is What to Do About it', www.ensia.com, 30 October 2013.

2 ' World: World Palm Oil, 1964–2013', www.agrimoney.com, 12 May 2015; 'Oilseeds: World Markets and Trade', www.fas.usda.gov, 9 July 2015. 明示していな

いかぎり、本章の数値はアメリカ農務省の海外農務局発表のパーム油のみ（パーム核油は含まない）に関するもの。

3 Georgia Woodroffe, 'Palm Oil: A Slippery Issue', www.nouse.co.uk, 22 December 2014.

4 Rhett A. Butler, 'How Does the Global Commodity Collapse Impact Forest Conservation?', www.news.mongabay.com, 21 December 2015.

5 Ursula Biermann et al., 'Oils and Fats as Renewable Raw Materials in Chemistry', *Angewandte Chemie International Edition*, L/17 (2011), pp. 3854–71.

6 Wilmar International Limited, 'Corporate Profile', www.wilmar-international.com（2016年1月12日アクセス）.

7 'Singapore Developer behind London's Latest Skyscraper', www.property-report.com, 9 December 2015.

8 Greenpeace India, *Frying the Forest: How India's use of Palm Oil is Having a Devastating Impact on Indonesia's Rainforests, Tigers and the Global Climate* (Bengaluru, 2012).

9 WWF, *Palm Oil Buyers Scorecard: Measuring the Progress of Palm Oil Buyers* (Gland, 2013), p. 56; World Instant Noodles Association, www.instantnoodles.org（2015年11月9日アクセス）.

10 Noah Kaufman, 'Instant Ramen is Japan's Greatest Invention Says Japan', www.foodandwine.com, 6 July 2015.

11 Osaka Convention and Tourism Bureau, 'Let's Go to the Instant Ramen Museum!', www.osaka-info.jp（2015年11月9日アクセス）.［大阪観光局「カップヌードルミュージアム大阪池田へ行こう！」］

12 Shoot Kian Yeong, Zainab Idris and Hazimah Abu Hassan, 'Palm Oleochemicals in Non-food Applications', in *Palm Oil: Production, Processing, Characterization, and Uses*, ed. Oi-Ming Lai et al. (Urbana, IL, 2012), pp. 587–624.

13 Wilmar International Limited, *Part of Your life: Specialty Fats Products* (Singapore, 2011), p. 9.

14 Oliver Pye and Jayati Bhattacharya, eds, *The Palm Oil Controversy in Southeast Asia: A Transnational Perspective* (Singapore, 2013).

15 Greenpeace, *Licence to Kill: How Deforestation for Palm Oil is Driving Sumatran Tigers Towards Extinction* (Amsterdam, 2013).

16 Erik Meijaard, 'Football Fields of Deforestation: But What Does That Mean?', www.tropicalbiology.org, 18 December 2014.

17 Greenpeace, *Licence to Kill*, p. 23.

18 Union of Concerned Scientists, 'Palm Oil and Global Warming', www.ucsusa.org（2015年9月23日アクセス）.

19 Nancy Harris, Susan Minnemeyer, Fred Stolle and Octavia Aris Payne, 'Indonesia's Fire Outbreaks Producing More Daily Emissions than Entire U.S. Economy', www.wri.org, 16 October 2015.

20 Rhett A. Butler, 'Plantation Companies Challenged by Haze-causing Fires in Indonesia', www.news.mongabay.com, 14 October 2015; Lindsey Allen, 'Is Indonesia's Fire Crisis Connected to the Palm Oil in Our Snack Food?', www.theguardian.com, 23 October 2015; Greenpeace, *Indonesia's Forests: Under Fire: Indonesia's Fire Crisis is a Test of Corporate Commitment to Forest Protection* (Amsterdam, 2015).

21 Sara Jerving, '"We Want Our Land Back": Liberian Communities Speak Out About Big Palm Oil', www.news.mongabay.com, 10 August 2015.

22 Pieter J. H. van Beukering, Herman S. J. Cesar and Marco A. Janssen, 'Economic valuation of the Leuser National Park on Sumatra, Indonesia', *Ecological Economics*, XLIV/1 (2003), pp. 43–62, p. 61より引用.

23 Sara Jerving, 'Will Palm Oil Help Liberia? Industry Expansion Has Critics Crying Foul', www.news.mongabay.com, 11 August 2015.

24 GRAIN and RIAO-RDC, 'Agro-colonialism in the Congo: European and U.S. Development Finance Bankrolls a New Round of Agro-colonialism in the DRC', www.grain.org, 2 June 2015.

25 EFSA Panel on Contaminants in the Food Chain, 'Scientific Opinion on the Risks for Human Health Related to the Presence of 3- and 2-monochloropropanediol (MCPD), and Their Fatty Acid Esters, and Glycidyl Fatty Acid Esters in Food', EFSA *Journal*, XIV/5 (2016); Ben Chapman, 'Nutella Maker Fights Back Against Fears Over Cancer-causing Palm Oil', www.independent.co.uk, 11 January 2017.

26 'Alternative Names for Palm', www.palmoilinvestigations.org（2015年11月13日アクセス）.

27 WWF, 'Which Everyday Products Contain Palm Oil?', www.worldwildlife.org（2015年9月23日アクセス）.

28 Marion O'Leary, 'Palm Free Shampoo?', www.mokosh.com.au, 17 September 2013.

29 Greenpeace, *Licence to Kill*; Rainforest Action Network, *Testing Commitments to Cut Conflict Palm Oil* (San Francisco, CA, 2015); www.palmoilinvestigations.org; WWF, *Palm Oil Buyers Scorecard*; Union of Concerned Scientists, 'Palm Oil and Global Warming'.

30 Hanna Thomas, 'Starbucks and Palm Oil, Wake Up and Smell the Coffee', www.theguardian.com, 25 August 2015; Greenpeace, *Licence to Kill.*

31 Sime Darby Plantation, *Sustainability Report 2014* (Selangor Darul Ehsan, 2014); Wilmar International Ltd, *Annual Report 2014* (Singapore, 2015); European Palm Oil Alliance, 'The Palm Oil Story, Facts and Figures', www. palmoilandfood.eu（2015年8月5日アクセス）; Palm Oil World, 'Official Palm Oil Information Source', www.palmoilworld.org（2015年11月13日アクセス）; Sime Darby, 'Palm Oil Facts and Figures', www.simedarby.com（2015年8月5日アクセス）.

32 Union of Concerned Scientists, *Fries, Face Wash, Forests: Scoring America's Top Brands on Their Palm Oil Commitments* (Cambridge, MA, 2015).

33 Roundtable on Sustainable Palm Oil, 'About Us', www.rspo.org（2015年11月5日アクセス）.

34 Roundtable on Sustainable Palm Oil, *Impact Update 2015* (Kuala Lumpur, 2015).

35 Sustainable Palm Oil Platform, 'Roundtable on Sustainable Palm Oil (RSPO)', www.sustainablepalmoil.org（2015年11月5日アクセス）.

36 Nils Klawitter, 'A Tangle of Conflicts: The Dirty Business of Palm Oil', www.spiegel.de, 2 May 2014.

37 Unilever, 'Transforming the Palm Oil Industry', www.unilever.com（2016年1月26日アクセス）; Colgate-Palmolive Company, *Colgate Sustainability Report 2014: Giving the World Reasons to Smile* (New York, 2015).

38 Unilever, *Making Sustainable Living Commonplace: Annual Report and Accounts 2015: Strategic Report* (Rotterdam and London, 2015), p. 24.

39 Greenpeace, *Cutting Deforestation Out of the Palm Oil Supply Chain: Company Scorecard* (Amsterdam, 2016).

40 Rebecca Campbell, 'How Green Are Vegetable and Rapeseed Oils?', www.theecologist.org, 12 May 2012.

第7章　観賞用のヤシ

1　'The History of Botanic Gardens', www.bgci.org（2016年3月2日アクセス）.

2　'Sir Seewoosagur Ramgoolam Botanical Garden', www.lonelyplanet.com（2016年3月1日アクセス）.

3　Shakunt Pandey, '225 Years of British History', www.nopr.niscair.res.in, June 2012.

4　'Royal Botanical Gardens, Peradeniya', www.botanicgardens.gov.lk（2016年3月1日アクセス）.

5　'History', www. en.jbrj.gov.br（2016年5月1日アクセス）.

6　Antonella Miola, 'The Botanical Garden of Padua University', www.coimbra-group.eu（2016年4月10日アクセス）.

7　Fred Gray, *Designing the Seaside: Architecture, Society and Nature* (London, 2006).

8　Michel Racine, Ernest J. P. Boursier-Mougenot and Francoise Binet, *The Gardens of Provence and the French Riviera* (Cambridge, MA, 1987); Philippe Collas and Eric Villedary, *Edith Wharton's French Riviera* (Paris, 2002), p. 31.

9　Orvar Lofgren, *On Holiday: A History of Vacationing* (Berkeley, CA, 1999), p. 219.

10　Robert L. Wiegel, 'Waikiki Beach, Oahu, Hawaii: History of Its transformation from a Natural to an Urban Shore', *Shore and Beach*, LXXVI/ 2 (2008), pp. 3–30; 'History of the Land', www.historichawaii.org（2016年5月1日アクセス）.

11　J. Smeaton Chase, *Our Araby: Palm Springs and the Garden of the Sun* (Palm Springs, CA, 1920), p. 28.

12　Jared Farmer, *Trees in Paradise: A California History* (New York, 2013), p. 342.

13　Richard A. Marconi and Debi Murray, *Images of America: Palm Beach* (San Francisco, CA, 2009).

14　'Winter Holidays in Palm Beach', *The Lotus Magazine*, VII (1916), pp. 181–2.

15　Farmer, *Trees in Paradise*; Victoria Dailey, 'Piety and Perversity: The Palms of Los Angeles', www.lareviewofbooks.org, 14 July 2014.

16　Nathan Masters, 'A Brief History of Palm Trees in Southern California', www.kcet.org, 7 December 2011.

17　Nathan Masters, 'CityDig: L.A.'s Oldest Palm Tree', www.lamab.com, 17 April 2013.

18　Nancy E. Loe, *Hearst Castle: An Interpretive History of W. R. Hearst's San Simeon Estate* (Santa Barbara, CA, 1994), pp. 38–9.

19 Kathy Arnold, 'Down on the Palm Farm', www.telegraph.co.uk, 16 April 2002.
20 www.palmsandtrees.com（2016年4月10日アクセス）を参照せよ．
21 Farmer, *Trees in Paradise*, p. 412.
22 Will Coldwell, '10 of the Best Urban Beaches and City Riversides in Europe', www.theguardian.com, 11 July 2016.
23 Mike Nelhams, *Tresco Abbey Gardens: The Garden Guide* (Truro, 2008).
24 'Where the Fal meets the Med', www.westbriton.co.uk, 18 July 2009.
25 Tim Smit, *The Lost Gardens of Heligan* (London, 1997), p. 136.
26 Mark Brent, 'Palms', in G*ardening on the Edge: Drawing on the Cornwall Experience*, ed. Philip McMillan Browse (Penzance, 2004), pp. 87–110.
27 Smit, *The Lost Gardens*; 'Timeline', www.heligan.com（2016年2月2日アクセス）．
28 Margaret Bream, 'Wild in the City: Why the Riviera's Palms are Dying', www.thestar.com, 30 May 2015.
29 'Dying Off: Antigua's Struggle to Save the Coconut Palm', www.antiguaobserver.com, 28 December 2015.
30 E. Eziashi and I. Omamor, 'Lethal Yellowing Disease of the Coconut Palms (*Cocos nucifera l.*): An Overview of the Crises', *African Journal of Biotechnology*, IX/54 (2010), pp. 9122–7, p. 9125より引用．
31 Centre for Agriculture and Bioscience International, 'Candidatus Phytoplasma palmae (lethal yellowing of coconut)', www.cabi.org, 20 January 2015.
32 Jerry Wilkinson, 'The Florida Keys Memorial', www.keyshistory.org（2015年7月10日アクセス）．

第8章　とらわれの役者

1 J. C. Loudon, *Remarks on the Construction of Hothouses: Also, a Review of the Various Methods of Building Them in Foreign Countries as Well as in England* (London, 1817), p. 49.
2 William Jackson Hooker, *Botanical Miscellany* (London, 1830), pp. 74–5.
3 David Solman, *Loddiges of Hackney: The Largest Hothouse in the World* (London, 1995), p. 36.
4 G. F. Chadwick, 'Paxton and the Great Stove', *Architectural History*, iv (1961), pp. 77–92; Stefan Koppelkamm, *Glasshouses and Wintergardens of the Nineteenth Century* (St Albans, 1982), pp. 22–4. [『人工楽園：19世紀の温室とウィンターガーデン』堀内正昭訳／鹿島出版会]

5 'Palm House and Rose Garden', www.kew.org（2016年5月1日アクセス）.
6 Sue Minter, *The Greatest Glasshouse: The Rainforests Recreated* (London, 1990).
7 Paula Deitz, *Of Gardens: Selected Essays* (Philadelphia, PA, 2011), p. 108.
8 'Removal of a Gigantic Palm-tree', *Illustrated London News*, 4 August 1854.
9 Samuel Phillips, *Guide to the Crystal Palace and Park* (London, 1854), p. 64.
10 Samuel Phillips and F.K.J. Shenton, *Official General Guide to the Crystal Palace and Park* (London, 1858), p. 126.
11 *The Times*, 20 January 1855.
12 J. R. Piggott, *Palace of the People: The Crystal Palace at Sydenham 1854–1936* (London, 2004), p. 172で引用.
13 Eileen McCracken, *The Palm House and Botanic Garden, Belfast* (Belfast, 1971).
14 'Restoration of the Curvilinear Range of the National Botanic Gardens, Glasnevin, Dublin', www.bgci.org, June 1996.
15 'Dublin Palm House Wins EU Heritage Award', www.bgci.org, 17 March 2006.
16 Georg Kohlmaier and Barna von Sartory, *Houses of Glass: A Nineteenth-century Building Type* (Cambridge, MA, 1986), p. 241より引用.
17 Colin G. Calloway, Gerd Gemunden and Susanne Zantop, eds, *Germans and Indians: Fantasies, Encounters, Projections* (Lincoln, NE, 2002), p. 71.
18 'Residence Museum: Conservatories of Max II and Ludwigs II –Exhibition', www.residenz-muenchen.de（2016年5月1日アクセス）.
19 K. G. Tkachenko, '"Peter the Great" Botanical Garden Celebrates 300 Years', www.agrowebcee.net（2016年4月10日アクセス）; 'The Saint-Petersburg University Botanic Garden', www.coimbra-group.eu（2016年4月10日アクセス）.
20 Harold R. Fletcher and William H. Brown, *The Royal Botanic Garden Edinburgh 1670–1970* (Edinburgh, 1970), p. 143.
21 同上, pp. 174–5.
22 Osbert Lancaster, *All Done from Memory* (London, 1963), pp. 58–60.
23 Deitz, *Of Gardens*; Minter, *The Greatest Glasshouse.*
24 Koppelkamm, *Glasshouses and Wintergardens*, p. 106; 'Enid A. Haupt Conservatory', www.nybg.org（2016年5月2日アクセス）.
25 'Dublin Palm House', www.bgci.org（2016年5月2日アクセス）.
26 Glenn Collins, 'Palms Return to an Island (Manhattan): A Major Replanting as the Winter Garden Prepares to Reopen', www.nytimes.com, 13 August 2002; Julie Shapiro, 'Replacement Palm Trees Planted in Battery Park City's Winter Gar-

den, www.dnainfo.com, 20 August 2013.

27 'Tropical Rainforest', www.espacepourlavie.ca（2016年4月10日アクセス）; 'Montreal Biodome', www.thecanadianencyclopedia.ca（2016年4月10日アクセス）.

28 ' The Largest Greenhouse in the World', www.twistedsifter.com, 13 September 2012.

29 'Rosemont Five Star Hotel and Residences', www.zasa.com（2016年7月1日アクセス）.

30 Kim Megson, 'Skyscraping Rainforest to Be Centrepiece of Underdevelopment Dubai Rosemont', www.attractionsmanagement.com, 27 July 2016.

31 Oliver Smith, 'New Dubai Hotel to Feature its Own Rainforest and Aquarium', www.thetelegraph.co.uk, 15 August 2016.

第9章　抽象化とファンタジー

1 Margaret Ashton, *Broken Idols of the English Reformation* (Cambridge, 2015), p. 325.

2 Anna Keay, *The Magnificent Monarch: Charles II and the Ceremonies of Power* (London, 2008), pp. 98–9.

3 Gauvin Alexander Bailey, *The Spiritual Rococo: Decor and Divinity from the Salons of Paris to the Missions of Patagonia* (Farnham, 2014), p. 97.

4 Alexandra Loske, personal communication, 20 November 2012.

5 'Palm Room', www.spencerhouse.co.uk（2016年8月16日アクセス）.

6 'Bayreuth New Palace: Margrave's Rooms: Palm Room', www.bayreuthwilhelmine.de（2016年8月12日アクセス）.

7 Dorinda Outram, *Panorama of the Enlightenment* (Los Angeles, CA, 2006), p. 234; Patrick Conner, *Oriental Architecture in the West* (London, 1979), pp. 24–5.

8 John Nash, *Views of the Royal Pavilion* (London, 1991).

9 Raymond Lister, *Decorative Cast Ironwork in Great Britain* (London, 1960), p. 152.

10 David Watkin, 'The Migration of the Palm: A Case-study of Architectural Ornament as a Vehicle of Meaning', *Apollo*, CXXXII (1990), pp. 78–84, p. 79より引用.

11 E. Graeme Robertson and Joan Robertson, *Cast Iron Decoration: A World Survey* (London, 1977).

12 Jared Farmer, *Trees in Paradise: A California History* (New York, 2013), p. 337.

13 同上 ; Sean Brawley and Chris Dixon, *The South Seas: A Reception History from Daniel Defoe to Dorothy Lamour* (Lanham, MD, 2015).

14 Flavia Frigeri, 'How Matisse Was Seduced by the Palm Tree', www.tate.org.uk, 22 August 2014.

15 Fred Gray, *Designing the Seaside: Architecture, Society and Nature* (London, 2006), pp. 106–14.

16 'Preserved Palm Trees', www.preservedpalm.net（2016年8月12日アクセス）.

17 Dolly Jorgensen, 'The Palm Islands, Dubai, UAE', in *Iconic Designs: 50 Stories about 50 Things*, ed. Grace Lees-Maffei (London, 2014), pp. 62–6.

18 Yasser Elsheshtawy, *Dubai: Behind an Urban Spectacle* (Abingdon, 2010), p. 143 より引用．

19 Christian Steiner, 'Iconic Spaces, Symbolic Capital and the Political Economy of Urban Development in the Arab Gulf', in *Under Construction: Logics of Urbanism in the Gulf Region*, ed. Steffen Wippel et al. (London, 2016), pp. 17–30.

20 同上 , p. 26.

21 Bruce Handy, 'A Guy, a Palm Tree, and a Desert Island: The Cartoon Genre that Just Won't Die', www.vanityfair.com, 25 May 2012.

22 Deborah Philips, *Fairground Attractions: A Genealogy of the Pleasure Ground* (London 2012), chap. 8.

23 Robert Louis Stevenson, *In the South Seas* (New York, 1907), p. 4.

24 DeSoto Brown and Linda Arthur, *The Art of the Ahola Shirt* (Waipahu, HI, 2008).［『アロハシャツの魅力』矢口祐人・砂田恵理加訳／アップフロントブックス］

25 'Jill Krementz Covers Sigmar Polke at MOMA', www.newyorksocialdiary.com, 25 April 2015.

26 Emile Zola, *The Kill*, trans. Arthur Goldhammer (New York, 2005), p. 176.［『獲物の分け前』中井敦子訳／筑摩書房］

27 Noel Coward, *Noel Coward Screenplays: In Which We Serve, Brief Encounter, The Astonished Heart* (London, 2015), pp. 307–8.

28 William Golding, *Lord of the Flies*, paperback edn (London, 2005), p. 91.［『蠅の王』黒原敏行訳／早川書房］

29 Erik Cohen, *Explorations in Thai Tourism: Collected Case Studies* (Bingley, 2008), p. 60.

30 Terry Fredrickson, 'Phi Phi's Maya Bay: Overcrowding an Environmental Disaster', www.bangkokpost.com, 7 July 2016.

31 John Milius and Francis Ford Coppola, *Apocalypse Now Redux: An Original Screenplay*, www.dailyscript.com（2013年7月1日アクセス）.

32 Kevin Forde, 'The 5 Most Horrifyingly Wasteful Film Shoots', www.cracked.com, 14 December 2011.

33 Robert M. Neer, *Napalm: An American Biography* (Cambridge, MA, 2013).［『ナパーム空爆史』田口俊樹訳／太田出版］

34 'Discover Cannes Guidebook', www.cannes-destination.com（2014年7月1日アクセス）.

フレッド・グレイ（Fred Gray）
イギリス、サセックス大学の名誉教授。イギリスおよび海外の過去と現在の海辺のリゾートと建築に関心をもち、このテーマに関する『*Walking on Water*（水の上を歩く）』（1998年）と『*Designing the Seaside: Architecture, Society and Nature*（海辺をデザインする：建築、社会、自然）』（2006年）などの著書がある。

上原ゆうこ（うえはら・ゆうこ）
神戸大学農学部卒業。農業関係の研究員を経て翻訳家。広島県在住。おもな訳書に、バーンスタイン『癒しのガーデニング』（日本教文社）、ハリソン『ヴィジュアル版 植物ラテン語事典』、ホブハウス『世界の庭園歴史図鑑』、ホッジ『ボタニカルイラストで見る園芸植物学百科』、キングズバリ『150の樹木百科図鑑』、トマス『なぜわれわれは外来生物を受け入れる必要があるのか』、バターワース『世界で楽しまれている50の園芸植物図鑑』（原書房）などがある。

Palm by Fred Gray
was first published by Reaktion Books, London, UK, 2018, in the Botanical series.
Copyright © Fred Gray 2018
Japanese translation rights arranged with Reaktion Books Ltd., London
through Tuttle-Mori Agency, Inc., Tokyo

花《はな》と木《き》の図書館《としょかん》

ヤシの文化誌《ぶんかし》

●

2022 年 *7* 月 *26* 日　第 *1* 刷

著者……………フレッド・グレイ
訳者……………上原《うえはら》ゆうこ
装幀……………和田悠里
発行者……………成瀬雅人
発行所……………株式会社原書房

〒 160-0022 東京都新宿区新宿 1-25-13
電話・代表 03(3354)0685
振替・00150-6-151594
http://www.harashobo.co.jp

印刷……………新灯印刷株式会社
製本……………東京美術紙工協業組合

© 2022　Office Suzuki

ISBN 978-4-562-07169-2, Printed in Japan